详解FPGA

人工智能时代的驱动引擎

石侃◎编著

清華大学出版社
北京

内 容 简 介

FPGA(现场可编程门阵列)是一款特殊的半导体器件,它在制造出来后仍然能够被任意修改电路结构,以适应不同应用的需要。相比于其他种类的芯片,FPGA具有极强的灵活性,同时在性能、功耗和开发成本等方面达到了出色的平衡。因此FPGA被广泛应用在电信、工业控制、高性能计算等多个领域。

本书详细梳理和分析了FPGA在大数据和人工智能时代的新技术、开发的新方法,以及FPGA在异构计算时代的新趋势和新方向,并重点讨论了FPGA的主要技术特点。

本书致力于向业界决策人士提供FPGA的先进理念与有价值的实践模式,促进大数据、人工智能等新兴技术与各行业的深度融合提升。同时也为FPGA从业人员在处理实际工程技术问题时,提供系统的方案和有价值的参考。此外,本书对学界、企业界和社会中的非专业人员或技术爱好者了解FPGA的先进理念和知识,也有很大的参考价值。

图书在版编目(CIP)数据

详解FPGA:人工智能时代的驱动引擎/石侃编著.—北京:清华大学出版社,2021.3(2024.5重印)
ISBN 978-7-302-57602-0

Ⅰ.①详… Ⅱ.①石… Ⅲ.①可编程序逻辑器件—系统设计 Ⅳ.①TP332.1

中国版本图书馆CIP数据核字(2021)第033789号

责任编辑:杨迪娜
封面设计:杨玉兰
责任校对:郝美丽
责任印制:刘 菲

出版发行:清华大学出版社
网 址:https://www.tup.com.cn,https://www.wqxuetang.com
地 址:北京清华大学学研大厦A座 **邮 编**:100084
社 总 机:010-83470000 **邮 购**:010-62786544
投稿与读者服务:010-62776969,c-service@tup.tsinghua.edu.cn
质量反馈:010-62772015,zhiliang@tup.tsinghua.edu.cn
课件下载:https://www.tup.com.cn,010-83470236
印 装 者:北京嘉实印刷有限公司
经 销:全国新华书店
开 本:148mm×210mm **印 张**:6.625 **字 数**:173千字
版 次:2021年4月第1版 **印 次**:2024年5月第8次印刷
定 价:59.00元

产品编号:082576-02

推荐序1

进入21世纪,网络信息产业发展极快,究其原因,是因为复杂集成电路技术发展的突飞猛进。芯片的集成度越来越高,成本却越来越低。但是这么复杂的集成电路是怎么设计出来的,知道的人并不多。

石侃先生编写的这本书告诉我们,在现代网络信息系统中,发挥着重要作用的集成电路,其复杂的处理巨大数据流的逻辑功能是完全可以用FPGA实现的。因为集成电路投片生产成本很高,所以在集成电路设计过程中的第一个阶段,就是用FPGA来验证为集成电路芯片设计的逻辑功能是否完全正确,并能以极高的速度完全正确地处理巨大的数据流,并代替正式定型大规模生产前的集成电路。因为FPGA内的硬件逻辑是可以通过编码修改的,而且它的规模相当大,可以容纳几千万甚至几亿个逻辑器件,因此选用FPGA器件设计,可以把许多软件也用硬件逻辑实现,使数据处理系统的运行速度成百倍甚至成千倍地增加。

我很高兴地看到石侃先生编写的这本书把FPGA用于大数据处理的技术概念介绍给许多非FPGA设计专业人士(电子信息技术爱好者),这本书里的大部分专业知识只有一线工作者才能真正了解其意义和实现的细节。无论是软件开发者、计算机网络信息工作者、业余电子系统的爱好者,还是技术领域的决策者,凡是关心FPGA和集成电路及大数据处理技术的人,都可以通过阅读或浏览本书收获丰富的最新专业知识,让自己跟上时代的步伐。

我本人非常感谢石侃先生的技术分享。

我在数字逻辑设计行业里耕耘了近 50 年，近 25 年来一直从事 FPGA 和集成电路的设计和 Verilog 设计方法学的推广，这本书也开阔了我的眼界，受益匪浅，因此我向对 FPGA/IC 设计技术感兴趣的本科生和研究生推荐这本书。认真阅读本书将对同学们选择专业分枝、技术方向和导师有很大的帮助。

希望石侃先生的这本新书被更多的读者喜欢，我真诚地推荐给各位读者。

夏宇闻

北京航空航天大学退休教授

推荐序2

第一眼看到石侃博士这本《详解 FPGA：人工智能时代的驱动引擎》时，一下子勾起了我的回忆。回想起来，我大约是在2005年第一次接触 FPGA，从此为我打开了一扇通往硬件世界的大门。

我的博士工作便是研制了一套基于 FPGA 的内存总线监测设备 HMTT。它支持软硬件协同，可以算是一款颇具特色的自研设备，撰写的相关论文也被2008年系统评测领域国际顶级会议 SIGMETEICS 接收，这可能是该会1973年举办以来接收的中国大陆第一篇论文。

虽然已经是15年前的工作，但现在对 HMTT 的一些技术细节依然是如数家珍：硬件部分是一块自制的带有 FPGA 的 PCB，直接插在 DDR 内存槽上，而内存条则插在 PCB 上。内存总线上的信号被分为两路，一路送往内存条去读写数据，另一路则被送到 FPGA 进行处理，实时还原为包含物理地址的读写命令，然后通过以太网发送到一个磁盘阵列存下来。

软件部分设计了一种同步机制，能让 FPGA 识别软件操作（如操作系统页表更新、函数调用等），从而将物理地址和软件操作关联起来，例如通过和页表关联就能将物理地址还原为进程的虚拟地址。

如今，HMTT 已经发展到第四代，从早期支持 DDR-200 到现在已能支持 DDR4-2600，伴随的是所使用的 FPGA 也从 Xilinx 的 Virtex-4/5 发展到 Kintex UltraScale XCKU035。研制 HMTT 成

功之后的十多年，我们团队的每一项科研工作都没离开过FPGA。

有时会想，为什么会出现FPGA这样的技术？为什么这类硬科技大多先在美国诞生？中国未来又有什么新机会？翻阅着石侃博士的这本关于FPGA的大作，读着书中一个个与FPGA深度融合的前沿技术及其背后的人和故事，启发我对这几个问题更深入的思考。

石侃博士在书中把FPGA的诞生称为“历史的必然”。20世纪80年代，2/3的芯片项目由于需求变化、设计漏洞、流片失败等种种原因而赔钱，只有1/3的芯片设计能实际投入生产。因此业界急需一种技术能在流片前充分测试与验证，从而降低流片失败率。于是FPGA应运而生！1984年，Xilinx推出了世界上第一款FPGA XC2064，只有64个可编程逻辑单元，800个晶体管。35年后的2019年，英特尔推出了当时世界上最大的FPGA—Stratix10 GX 10M，1020万个可编程逻辑单元，433亿个晶体管。如今FPGA已经发展成一个全球市场规模约60亿美元的产业，在整个芯片产业链中发挥着不可或缺的作用，甚至成为我国面临“卡脖子”的一类核心芯片。回顾一项项硬科技的发展历程，哪怕诞生之初再渺小，只要能真正解决市场需求，那么它的诞生就是一种“历史的必然”。

为什么FPGA先在美国诞生？而不是在日本或者欧洲？事实上，20世纪80年代初，日本的半导体产业如日中天，1986年日本半导体在全球市场的份额甚至超过了美国。虽然这本书并没有直接回答这个问题，但从书中所介绍的一系列FPGA与云计算、大数据、人工智能等前沿应用的深入融合例子，结合80年代美国和日本各自半导体产业的发展历程，也许能给我们一些启发。当时美日半导体产业的发展存在两点主要的区别：

(1) 技术出口侧：美国的市场需求更旺盛、更前沿。虽然日本在80年代的半导体产业突飞猛进，但是大部分仍然是出口到美国，1980—1984年日本对美出口额增长了8倍。换而言之，日本并没有直接感知到最前沿的需求。

(2) 技术供应侧：美国的研发投入更具前瞻性，布局更合理。1984年Xilinx公司成立，得益于政府支持的MOSIS项目所发明的MPW技术以及推动的Fabless模式，也得益于政府支持的一系列CAD/EDA项目。相比较而言，日本的研发投入则更聚焦于对已有产品的改良，使得产品质量更高、价格更低、供货更稳定，但缺少了开拓性。同期，美国还启动了多个研究机构，如SRC、SEMATECH等，大力支持半导体领域的基础研究与共性技术，培养大批高水平人才，为产业发展提供深厚的技术储备与人才储备。

诚然，中国错过了20世纪80年代半导体发展的黄金期，导致半导体产业成为今天中国与发达国家差距最大的领域之一。但是，从这本书中我也看到新的机会：一方面，书中介绍的云计算、大数据、人工智能等新兴应用在中国也发展得如火如荼，并产生了许多前沿需求，甚至有些已经催生了一些基于FPGA的达到国际先进水平的技术，例如深鉴科技的FPGA人工智能加速技术，阿里巴巴的弹性裸金属服务器神龙架构，我们团队研制的芯片敏捷设计SERVE云平台，等等。另一方面，中国对半导体领域的重视程度前所未有，社会各界均在积极投入，不同的维度(市场、科研、资本、知识产权、教育等)，不同的环节(应用、设计、制造、封测、装备、材料等)，不同的路线(引进消化、独立自主、开源共享等)……相信只要坚持投入，在不久的将来一定能看到成效。

包云岗

中科院计算所研究员，副所长

前　言

PREFACE

2011年，我正式踏入学术界，从事和FPGA相关的学术研究，2015年进入工业界，继续做FPGA的工程研发工作。直到今天，已入行十年时间了。

在这十年间，我亲眼见证了FPGA这个特殊的半导体芯片是如何在人工智能时代取得飞速发展的。除了它的传统应用领域之外，FPGA在云数据中心、人工智能、高速网络处理、金融科技、数字医疗等多个行业里又开辟了很多崭新的应用，并逐步成为了这些领域中不可或缺的关键单元。在这场不为大多数人所知的技术变革里，我也有幸参与其中，并且完成了一些关键工程项目的研发工作。

我们既要低头拉车，又应抬头看路。一直以来，我都在寻找这样一类书籍——能对FPGA技术本身及其未来的发展进行探讨和总结。因为这能帮助大家明确一些很重要的"动机"，例如为什么要学习FPGA，从事这个行业的前景怎样。更重要的是，如何通过分析FPGA的发展历史和现状，来分析和解答前面的这些问题，并且得到一个比较完整的思维方式和体系。我相信，很多学习FPGA或者从事FPGA行业的朋友也在寻找这些问题的答案。

很可惜，当前市面上的绝大多数关于FPGA的书籍，讲的都是FPGA具体的开发方法、流程和经验，侧重点大部分是针对"怎么学"或者"怎么用"，而非"为什么学"或者"为什么用"。

事实上，就FPGA的广泛应用来说，它早已不单是一项技术或者产品，更代表着一种理念。特别是摩尔定律已近黄昏的当下，以FPGA为代表的异构计算技术不断兴起，更是成为了延续摩尔定律发展的重要力量。因此，信息化技术对各行各业的重大提升，与FPGA的强力助推直接相关。正是它们在新领域以新形式的结合，深刻改变了FPGA的地位和作用，FPGA所面临的前所未有的发展机遇，让业界对其体系、架构、功能等许多方面提出了变革与发展的新要求。这也需要我们以全新的视角去重新认识和看待FPGA。

由此，我便产生了撰写本书的想法，希望在书中以通俗易懂的语言，分析和梳理以下几点内容：第一，FPGA在大数据和人工智能时代的新应用，以及它们的主要技术特点；第二，FPGA开发的新方法和新手段；第三，FPGA发展的历史、现状，以及FPGA技术发展的新趋势和未来的发展方向。就像前面提到的，我并不想借由此书教给读者FPGA具体的开发方法，而是希望在大家抬头看路时，还能有一些可以参考的路标和方向。

在本书的写作过程中，我也尽力平衡技术的广度和深度。本书的读者并不局限于专业的FPGA从业者或学习者，还可以是学界、企业界和社会中的非专业人员和技术爱好者。希望不同层次、不同经验、不同背景，但对FPGA技术有兴趣和追求的读者朋友都能从本书中获益，并且借由此书，为他们自己的相关工程实践与学术研究提供借鉴和启发。由于笔者的水平和能力有限，本书难免存在错误和疏漏，欢迎各位读者批评指正。

本书付梓之际，我想感谢清华大学出版社的杨迪娜编辑，她在我写作和出版过程中给出了很多重要的建议和帮助。感谢北京航空航天大学的退休教授夏宇闻老师和中科院计算所研究员，副所长包云岗老师，在百忙之中为本书作序，也感谢摩尔精英的CEO张竞扬先生、英特尔中国创新中心总经理张瑞先生、西南交通大学的邸志雄老师、电子科技大学的黄乐天老师为本书做推介。我还想感谢“老石谈芯”的所有读者和观众，他们的支持、鼓励和反馈，让我不断提升自己，并且最终写出了书中的这些内容。最后，我想感谢我的家人，包括我的父母、岳父母，特别是我的妻子和儿子，他们无私的爱与包容，让我成为更好的人。

本书献给我的外公，他教给了我“众里寻他千百度，蓦然回首，那人却在灯火阑珊处”的治学境界。愿他在天国一切安好。

目　录

CONTENTS

第1章

延续摩尔定律——FPGA的架构革新

20世纪60年代中期，英特尔公司的创始人之一，时任仙童半导体工程师的戈登·摩尔在《电子学》杂志发表了一篇论文，他在这篇论文中指出，芯片上晶体管的密度会每年提升一倍。在1975年，他进一步修改了这个规律，将晶体管翻倍的周期由每年改为每两年，这个规律在后来被人们称为“摩尔定律”。如同摩尔定律预测的那样，在过去的50年中，每隔一年半到两年，芯片内晶体管的密度都会翻倍，形成指数级的增长。同时，芯片的性能也随之取得指数级的增长，使用晶体管电路进行计算的成本和功耗也都在这50年间呈现指数级的下降。摩尔定律见证了半导体与集成电路技术的突破性发展，而这也是驱动人类社会和现代文明在这半个世纪里飞速前进的根本动力。

FPGA的发展，一直完美符合摩尔定律的描述。自1984年FPGA面世至今，FPGA的容量增长超过1万倍、运行速度增长超过100倍，同时其成本和功耗均降低并超过1000倍。这些发展一方面归功于半导体制造工艺的不断进步，另一方面，FPGA本身也在不断创造和设计新颖的芯片架构和系统，以不断延续这样的指数级发展轨迹。

随着半导体工艺突破10nm节点，并继续不断向原子极限推进，芯片架构设计的思路和方法也要随之不断更新和变革。对于

FPGA 来说，它的架构在未来应该如何继续发展，已经成为工业界和学术界一直在探讨的重要课题。那么，FPGA 究竟是什么？它从发明至今经历了哪些发展阶段？它的未来发展阶段在何处？FPGA 能否继续跟随摩尔定律的发展脚步？需要何种技术才能继续支撑摩尔定律的延续？接下来，就请跟随笔者的文字，在本章中寻找和探讨这些问题的答案。

1.1 什么是 FPGA

FPGA 的英文全称是 Field Programmable Gate Array，翻译成中文则是“现场可编程门阵列”。初听起来，这个名字的确有些拗口。从 FPGA 的本质上看，它实际上就是半导体芯片的一种。从这个意义上讲，它和我们更加熟悉的中央处理器 CPU，或者图形处理器 GPU 等芯片并无二致。

顾名思义，从 FPGA 的名字上就能体现出它的三个最主要的特点：门阵列、可编程、现场。

首先，FPGA 芯片由大量的逻辑门阵列组成。我们知道，逻辑门是数字电路的基本组成单元，它们基于“布尔代数”对二进制数 0 和 1 进行操作，并完成不同的逻辑运算，例如与、或、非、异或，等等。举例来说，“非”就是把 0 变成 1，或者把 1 变成 0；把一个 0 和一个 1 进行“或”操作就会得到 1；把一个 0 和一个 1 进行“与”操作就会得到 0。在图 1-1 中，就列举了一些常见逻辑门的电路符号。

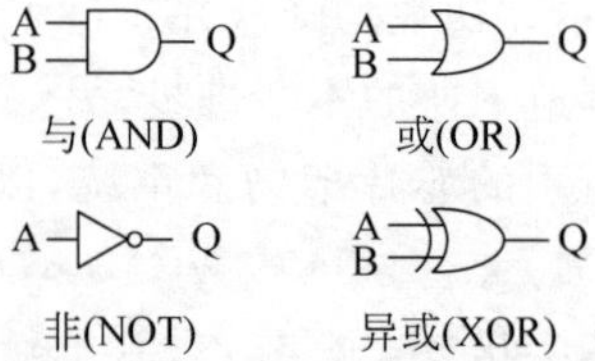

与(AND)　或(OR)

非(NOT)　异或(XOR)

图 1-1　几个常见的逻辑门

通过对这些逻辑门的排列组合，可以得到一些稍微复杂的运算单元，例如执行算术运算的加法器和乘法器等。图1-2就是一个二进制加法器，它的功能是完成一位二进制加法的运算，这个运算只需要五个逻辑门就可以实现。

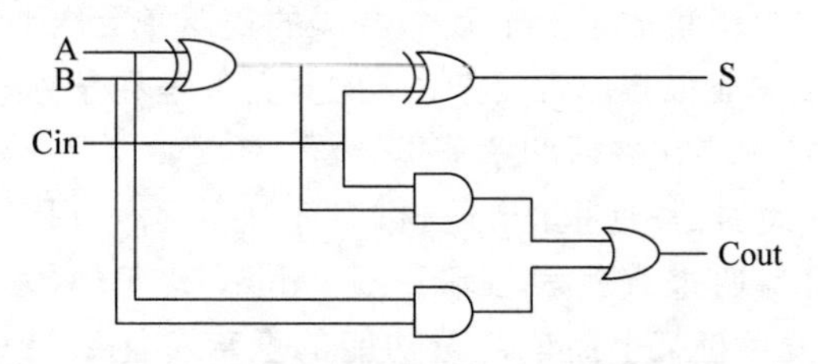

图1-2　全加器(full adder)的逻辑结构图

有了这些基于逻辑门的通用运算单元，就能进一步用它们设计出更加复杂的功能模块，并最终形成一个个功能各异的IP(Intellectual Property)。对于大部分数字芯片来说，它们都是通过使用不同的IP，实现特定的逻辑功能，然后经过验证、集成、优化等过程，最终将设计流片，制造得到最终的芯片产品。

我们应该注意到的是，这些芯片一旦被生产出来，它的逻辑功能就已经被"固化"在芯片上了。也就是说，这些功能已经成为了芯片的一部分。尽管很多芯片都可以通过对片上的寄存器进行编程，但这种编程更多的是改变芯片的配置，并不会改变它本身的逻辑功能。如果想要对它的逻辑功能进行更改，或者发现设计的缺陷和漏洞，就要重新对芯片进行设计、验证和制造，而这些过程都需要耗费大量的时间、人力、金钱，这样的投入和风险是很多公司无法承担的。

在这个大背景下，芯片设计者们提出，与其将逻辑固化在芯片中，不如设计一种更加通用的芯片，在其中只包含最基本的逻辑门，并通过某种方式对这些逻辑门进行排列组合，使之能够通过编程改变它的逻辑结构。这样，就可以使用一种芯片实现许多不同芯片的功能了。这个想法，就是FPGA的前身。

FPGA最主要的组成部分就是海量的“逻辑门”，它们通过特定的方式组合成逻辑门阵列，并通过互连单元进行连接。由于逻辑门可以任意组成更加复杂的电路单元，这就使得FPGA在理论上可以实现任意的数字逻辑功能。随着FPGA技术的不断发展，在现代FPGA中集成了上千万个这样的逻辑单元，因此人们可以使用FPGA完成很多非常复杂的功能，它甚至在某些领域替代了专用芯片，这一点在之后的章节里会深入介绍。

值得一提的是，这里的“逻辑门”加上了引号，是因为FPGA里的逻辑门是通过查找表（Lookup-Table，LUT）的方式实现的。简单来说，就是将某个简单逻辑功能的全部可能结果写到一个存储单元中，并根据输入的变化直接查找结果并输出。除了部分中低端以及较早的FPGA采用了4输入LUT结构之外，在大部分的现代FPGA中，例如英特尔的Arria10、Stratix10和Agilex，以及赛灵思的6系、7系、UltraScale及UltraScale+系列等，查找表LUT的输入通常有6个，也就是说，这样的查找表结构最多可以实现任意6输入、1输出的逻辑功能。

除了查找表之外，FPGA的最小逻辑单元里还包括寄存器、选择器，甚至一些算术运算单元，例如加法的进位链，等等。不同的厂商对于FPGA的这个最小逻辑单元的命名都不尽相同，例如英特尔将其称为ALM（Adaptive Logic Module，自适应逻辑单元），赛灵思称之为CLB（Configurable Logic Block，可配置逻辑模块）。虽然名称有所差异，但它们的主要组成部分都很类似，也都包含上面所说的这几个主要组成部分。图1-3展示了英特尔Stratix10 FPGA芯片的最小逻辑单元ALM的结构示意图。

FPGA的第二个主要特点是可编程性。很多人有这样的疑问：CPU、GPU，以及很多专用芯片都可以进行编程，那么FPGA的可编程性又有什么独特之处？事实上，FPGA的可编程性，指的是可以对逻辑阵列进行编程，从而改变FPGA实现的逻辑功能，这与其他芯片的可编程性有着本质区别。相比之下，用户对专用芯片的编程大都是通过改变芯片上各种寄存器的配置实现的，而

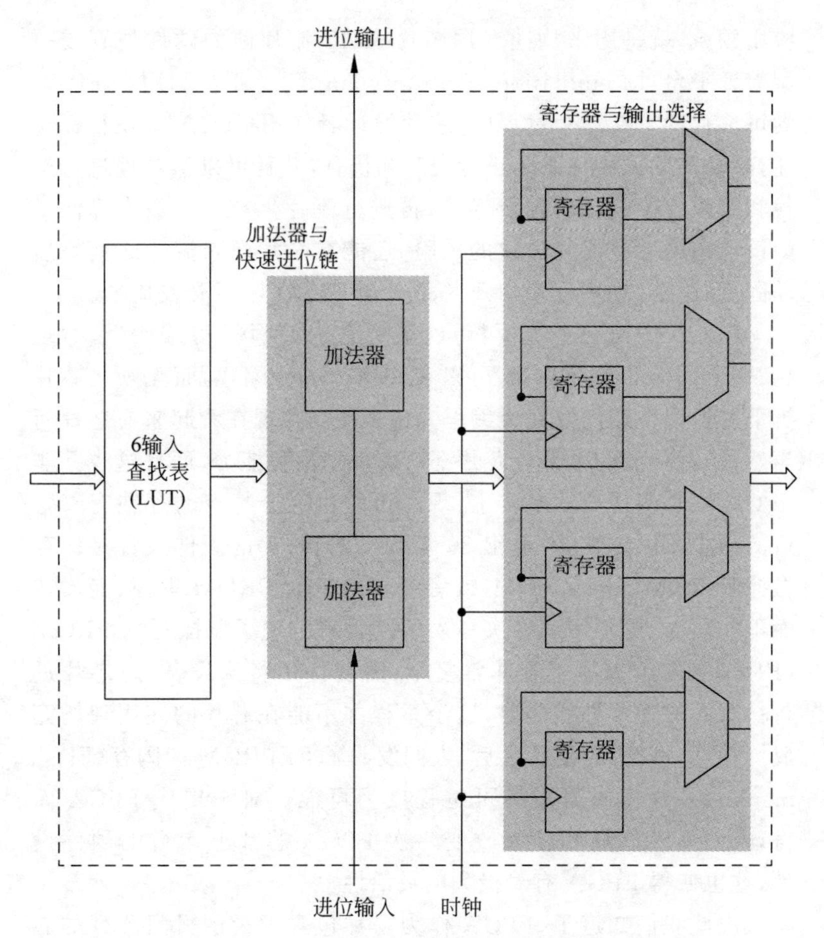

图 1-3 Stratix10 FPGA 的 ALM 逻辑结构示意图

这并不会改变芯片的主要功能，打个简单的比方，这种编程并不能使一个网络交换芯片变成视频处理芯片。

正是由于 FPGA 可以对逻辑门阵列进行重复编程，使得 FPGA 可以在逻辑层面改变自身实现的硬件结构，从而有着极高的灵活性。从理论上讲，如果 FPGA 的可编程资源足够多，一个 FPGA 就可以实现任何数字电路的逻辑功能。FPGA 的一个重要应用领域，就是用来构建专用芯片 ASIC 流片前的硬件仿真或原型验证平台，即 emulation 或 prototyping，而这正是利用了 FPGA 的可编程性。在这个过程中，芯片设计者使用 FPGA 实现目标功能，与真实的软硬件系统进行交互和仿真，并且可以不断地进行迭代和修改。待设计满足要求后，再进行流片生产。这极大降低了因设计疏漏导致流片失败的风险，还能在芯片尚未流片之前就启动固件、驱动、应用程序的开发，进一步缩短了项目开发周期。

FPGA 的第三个主要特点，就是它的"现场"可编程性。"现场"这个词指的是，FPGA 可以在使用时进行编程，而无须将芯片拆下并返回生产厂家完成编程。这个特点在现在看起来有些理所当然，毕竟目前的大部分芯片都有着现场编程能力，而且这也并非 FPGA 专有的特点。事实上，现场可编程这个特点的存在有着背后的历史原因。在 20 世纪 80 年代以前，芯片的固件大都是保存在掩膜 ROM(mask ROM)或者基于熔丝的 PROM 里，只能读取而不能写入，更不用说多次写入了。后来出现了能擦写的 PROM (EPROM)，但擦写过程非常复杂，需要使用特殊设备，对芯片进行长时间的强紫外线照射，这个过程并不能在芯片的使用现场完成。在 20 世纪 80 年代之后，人们发明了 EEPROM 和闪存(Flash memory)，这才使得现场可编程成为可能。对于现代 FPGA 而言，人们可以每隔几秒就改变一次 FPGA 芯片上运行的硬件设计，这也使得 FPGA 有着极大的灵活性。

由此我们知道了，FPGA 作为一种包含大量逻辑门阵列的芯片，可以在使用现场通过编程改变自身的硬件逻辑，并在理论上可以实现任何数字电路的功能。人们对于 FPGA 有着很多形象的比喻，有人把它比成乐高积木，通过很多基本的积木单元，可以组成汽车、高楼和飞船；也有人把它比成活字印刷，使用一个个字膜，就可以排列组合成任意的诗词歌赋。这些比喻都形象地突出了 FPGA 的最大特点：灵活性和通用性。

随着半导体和芯片技术飞速发展至今，FPGA 早已不再是面世之初的简单的可编程门阵列。除了可编程逻辑单元之外，FPGA芯片逐渐变得越来越复杂，并结合最新的半导体制造技术，衍生出了很多不同的架构和设计。在本章接下来的部分，我们将首先回顾FPGA发展的三个重要阶段，以及当前最新的FPGA架构变革与技术突破，特别是3D芯片封装技术在FPGA上的使用。最后，我们将以赛灵思和英特尔最新的高端FPGA产品为例，详细分析这些FPGA上采用了哪些当代最新的尖端科技。通过这些内容，相信大家会对FPGA的发展脉络建立一个完整而清晰的认识，并深入了解当前FPGA芯片采用的新工艺、新架构和新技术。

1.2　从无到有，从小到大，从大到强——FPGA发展的三个阶段

FPGA的架构一直伴随着摩尔定律不断演进，与其他类型的芯片相比，FPGA可以说是当前最先进半导体技术的集大成者。1984年，赛灵思(Xilinx)推出了第一款商用FPGA-XC2064，如图1-4所示。在这个FPGA上，只有64个可编程逻辑单元、2个3输入查找表(LUT)、总共800个逻辑门。35年后，英特尔在2019年底推出了当今世界上最大的FPGA，这款名为Stratix10 GX 10M的FPGA芯片，基于英特尔14nm工艺制造，有着433亿只晶体管、1020万个可编程逻辑单元，以及2304个可编程I/O。

图1-4　世界上首枚商用FPGA-XC2064

可以看到，在这35年间，FPGA的芯片架构发生了极其巨大的变化，用翻天覆地来形容也不为过。在这期间，有多次根本性的架构变革，它们奠定了现代FPGA架构的核心和发展方向。这些架构变革发生的根本原因，都是基于FPGA新兴应用的驱动。

前赛灵思院士，在FPGA和芯片架构领域拥有超过200项专利的Steve Trimberger博士曾把FPGA的发展历程大致划分为三个阶段，即发明阶段（the age of invention）、扩张阶段（the age of expansion）、累积阶段（the age of accumulation）。这三个发展阶段，也分别代表了FPGA技术从无到有、从小到大、从大到强的发展过程，见证了FPGA从单纯的可编程逻辑单元，逐渐发展到拥有成百上千万个可编程逻辑单元的大型阵列，再发展到集成了各类硬件资源、IP核，甚至处理器内核的复杂片上系统，并形成当前丰富的FPGA产品门类，在各类应用场景中得到越来越广泛的使用。

1.2.1 发明阶段：历史的必然

FPGA的发明阶段横跨20世纪80年代和90年代。当时的芯片设计与生产模式与现在有着较大的不同。在当时，无晶圆厂模式尚未兴起，ASIC公司只有在客户的设计投入生产时才赚钱。然而由于开发过程中需求的变化、流片失败，或者存在无法通过固件升级进行修复的设计漏洞，往往只有1/3的芯片设计实际投入生产。也就是说，在当时有2/3的芯片项目是赔钱的。由于芯片的流片成本巨大，业界急需一种通用的半导体器件，用来进行流片前的测试、验证等工作，从而减少流片失败的可能性。在这个大环境下，可编程逻辑器件应运而生，而这也是FPGA的前身。

正如前文提到的那样，FPGA的本质也是一种芯片，它的主要特殊之处是当制造出来后，可以根据不同用户的需求，通过编程来改变自身的逻辑功能，而且这个过程可以重复进行。同时，FPGA使用固定的开发工具和开发环境，而不需要像ASIC那样开发定制化的工具链。这样一来，不同的ASIC芯片可以在流片前使用相同的 FPGA 进行测试和验证，这使得 ASIC 厂商流片前的成本和风险得到了大幅降低。

以现在的标准来看，赛灵思推出的业界第一款 FPGA-XC2064 更像是一个“玩具”。这个售价 55 美元的芯片由 2.5μm 工艺制造，只有 64 个逻辑单元，以及不超过 1000 个逻辑门。也就是说，实现一个简单的 64 位移位寄存器就会占用 XC2064 的全部片上逻辑。然而在当时看来，作为 ASIC 流片前的硬件仿真与验证平台，FPGA 本身的性能并没有那么重要。此时业界需要的，只是一堆相互连接的可编程逻辑门而已。因此，XC2064 的问世，在当时依然引发了不小的轰动。到了 20 世纪 90 年代，FPGA 芯片的主体架构也在慢慢发展，并逐渐演变成为了现在我们熟悉的可编程逻辑阵列的结构，如图 1-5 所示。

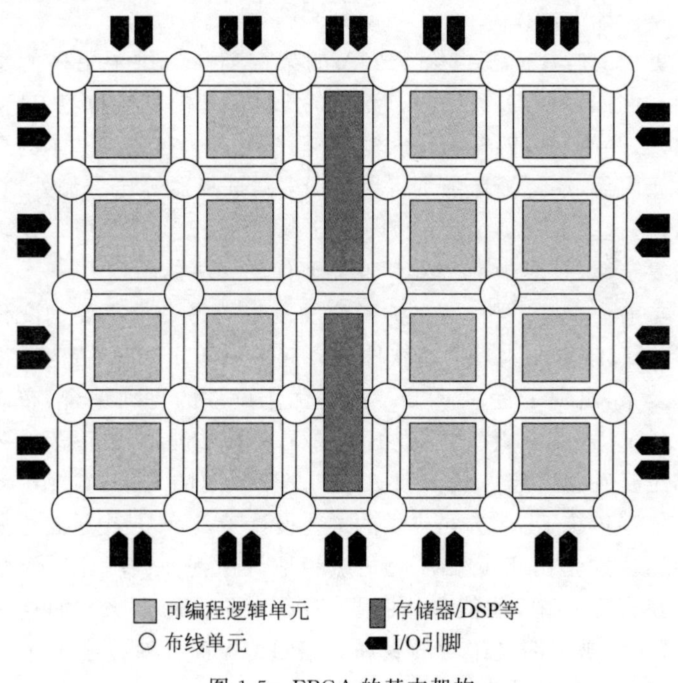

图 1-5　FPGA 的基本架构

1.2.2 扩张阶段：设计自动化的兴起

20世纪末是摩尔定律大放异彩的时代。在摩尔定律的指引下，半导体行业在这十几年里经历了飞速发展。与之对应的，FPGA在1992年到1999年之间迎来了自己的扩张阶段。此时由于芯片制程技术的持续突破，制造大尺寸的芯片已经不像以前那么困难了。对于FPGA来说，不断提升自身的容量就成为了自然而然的选择。FPGA包含的逻辑单元、I/O引脚、时钟和布线等片上资源的数量都在持续增加。伴随着FPGA容量的增长，曾经非常宝贵的芯片面积也逐渐变得相对廉价，这也直接影响了很多电路设计方法论的发展。例如，在此时就出现了“面积换性能”之类的电路设计方法。

更大的芯片面积也给FPGA的架构创新提供了更多的想象空间。例如，FPGA可编程单元中的LUT查找表结构，从最初的三输入，开始变成四输入和六输入，甚至更多。在这些基本的可编程单元内部，还逐渐增加了寄存器和多路选择器等更多额外功能。渐渐地，这些FPGA片上资源的互连复杂性已经开始取代逻辑结构的复杂性，并成为FPGA厂商需要优先解决的问题。

与前一个阶段相比，在扩张阶段发生的另一个主要的变化就是FPGA自动设计工具和软件的兴起。由于FPGA结构变得越来越复杂，出现了针对FPGA进行优化设计的自动综合、布局和布线的EDA工具，使用这些工具进行FPGA设计，也逐渐成为了FPGA开发的主流方法。和ASIC设计不同的是，FPGA厂商并没有依赖传统EDA公司提供的这些设计工具，而是走了自主研发的道路。这是由于FPGA公司敏锐地认识到，只有将EDA技术掌握在自己手中，才能牢牢把握FPGA发展的未来。而这个看法，现在已被证明是绝对的真理。FPGA厂商针对自家FPGA产品开发的设计自动化工具，如英特尔（原Altera）的Quartus系列、赛灵思的 ISE 和 Vivado 系列等，一直被认为是这些公司“皇冠上的明珠”。早年间，由于各个厂商 FPGA 主体架构都比较相似，如何优化自家的设计工具，以取得更加出色的性能，就成为了 FPGA 厂商努力竞争的主战场。这些 EDA 工具中包含的各种专利与技术机密，也为这些公司构建了深厚的技术护城河。

1.2.3 累积阶段：复杂片上系统的形成

进入 21 世纪，FPGA 的发展进入了累积阶段。人们发现，FPGA 的发展此时遭遇了瓶颈，因为单纯提升 FPGA 的容量已经不能满足各类应用的需求。同时，很多客户开始追求更高的性价比，并不愿意为过大的 FPGA 买单。在这个大环境下，FPGA 开始从单纯的可编程门阵列，逐步转变为拥有复杂功能的可编程片上系统。除了进一步改进可编程逻辑单元本身的微架构之外，FPGA 厂商还在 FPGA 的易用性上做足了功夫。例如，它们推动定义了诸多标准化的数据传输协议，方便不同设计和模块之间的互连与通信。它们还为很多重要而常见的功能开发了可以重复使用的 IP 核，例如软核微处理器(英特尔/Altera 的 NIOS，赛灵思的 MicroBlaze)、存储控制器和各种通信协议栈等，可以供客户直接调用而无须再从头制造轮子。

与此同时，很多专用的逻辑单元也被添加到 FPGA 器件中，并逐渐成为现代 FPGA 的“标配”。例如，用于数学计算的加法进位链、乘法器、定点与浮点 DSP 单元，固定容量的片上存储器，以及各种速率的串行收发器和物理接口等。随着人工智能的兴起，AI 引擎、可变精度的 DSP 等针对 AI 应用开发的 IP 核也被固化到 FPGA 中。可以看到，现代 FPGA 已经成为了各类全新科技的集大成者，而这也会反过来促使 FPGA 在更多应用场景里被使用。

那么，随着半导体技术的进一步发展，FPGA 下一步会如何进化，以不断突破芯片维度和集成度的限制，并进一步为摩尔定律续命？当摩尔定律行将终结的时候，FPGA 的架构又会发生怎样的改变，以适应下一个半导体行业发展的全新周期？在本章接下来的部分，我们将继续深入探究这些问题。

1.3 超越维度的限制——3D FPGA

在过去的几十年中，半导体和芯片技术在摩尔定律的指引下得到了飞速发展，然而近年来，人们注意到这种增长速度有逐渐放缓的趋势，很多人因此开始质疑摩尔定律在目前是否仍然有效，“摩尔定律已死”的声浪也不绝于耳。

从单一晶体管的角度来说，半导体技术的革新从未停歇，例如，科学家已经制造出了单原子甚至单电子的晶体管，也可以对单个原子的位置进行移动和调整，以取得更好的晶体管性能。但从整个半导体产业的角度来看，这未必是下一步的发展方向。当前人们遇到的问题并不是能不能造出来这样小尺寸的单一晶体管，而是能否造出一个包含 100 亿个这样晶体管的芯片。也就是说，这本质上是个经济问题。因为在理论上，我们是可以制造更小的设备和器件的，但能否让这些设备稳定工作，并以足够低的成本进行生产和销售，则是当前产业亟待思考的问题。

当晶体管的尺寸逐渐接近原子极限时，再使用传统的晶体管制造技术已经几乎不可能了。传统的晶体管结构曾经非常简单，而现在已经演变成了以 FinFET 晶体管为代表的非常复杂的 3D 结构。此外，制造芯片的半导体材料、设备、封装与测试等全产业链都需要同步发展。同样地，由这些晶体管组成的芯片架构也要不断进化，从而继续保持芯片性能的不断进步。

例如，当芯片在水平维度的扩展逼近技术极限之后，科学家和工程师们就开始探索在垂直方向上对芯片密度进行扩展的可能，并由此发明了 3D 芯片封装技术。在 FPGA 领域，厂商采用的 3D

芯片技术主要有两种：赛灵思的堆叠硅片互联(SSI)技术，以及英特尔的嵌入式多管芯互联桥接(EMIB)技术。

1.3.1 赛灵思堆叠硅片互联(SSI)技术

在每一代半导体工艺早期，工艺和生产技术尚未成熟，因此良率往往较低，对于面积较大的芯片而言更是如此。研究表明，如果硅片面积为 $6cm^2$，使用泊松良率模型推断后，其在工艺早期的良率仅为 0.25%。也就是说，此时在一个 12 英寸的晶圆上仅能产出 0.3 个能正常工作的芯片。然而，如果硅片面积只有 $1.5cm^2$，良率则会高达 22%。此时，在同样的一个 12 英寸的晶圆上会产出 107 个能正常工作的芯片，如图 1-6 所示。由此可见，在工艺早期，不同硅片面积大小会带来巨大的良率落差。

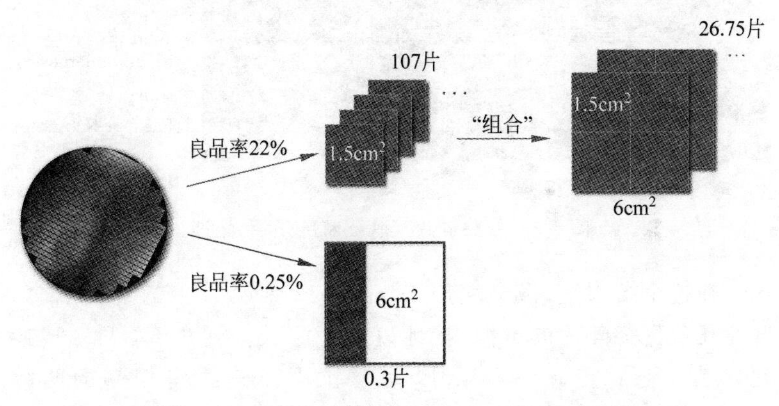

图 1-6 工艺早期不同面积的裸晶良率与产量的关系

有意思的是，如果可以将上例中的 4 个 $1.5cm^2$ 的硅片通过某种方式"组合"成一枚 $6cm^2$ 的芯片，那么同样的晶圆就可以产出平均 26.75 枚芯片，并随之带来超过 100 倍的产能提升。这便是赛灵思采用的堆叠硅片互联(Stacked Silicon Interconnect，SSI)技术产生的主要背景。

堆叠硅片互联(SSI)技术示意图如图 1-7 所示。和传统封装技术相比,SSI 技术在封装基板(Package Substrate)和 FPGA 硅片之间加入了一层无源硅中介层(Silicon Interposer)。在硅中介层上可以放置多枚 FPGA 硅片。这些硅片通过在中介层里的硅通孔(Through Silicon Vias,TSV)、微凸块(Microbumps)以及大量连线进行相互连接。

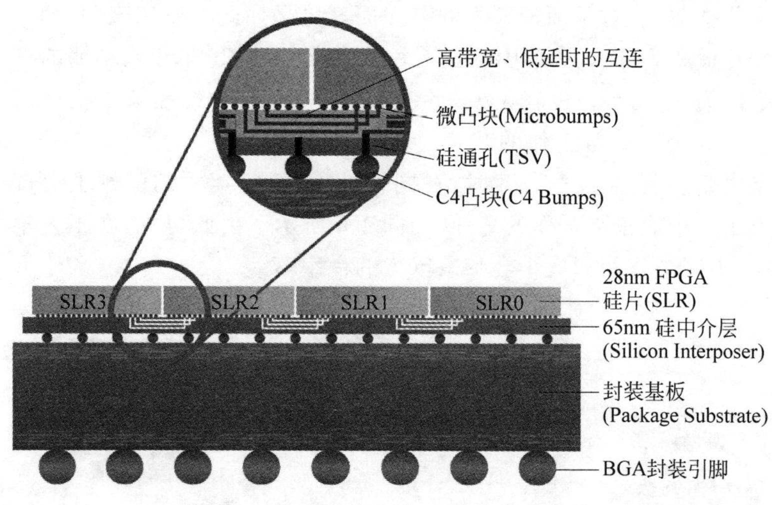

图 1-7　堆叠硅片互联(SSI)技术示意图

在这个结构里,微凸块用来连接 FPGA 硅片上的各类引脚;硅通孔负责将硅片的电源、接地以及 I/O 接口通过 C4 凸块连接到封装基板;在硅中介层中,有着上万条连线将相邻的两枚 FPGA 硅片进行互连。在 SSI 技术中,硅通孔是它的核心创新点与技术难点。由于 TSV 通过蚀刻工艺制造,而非激光钻孔,因此对制造工艺有着严格要求。为了降低系统的制造难度,中介层会使用已经十分成熟的工艺而非最新的工艺制程进行加工,例如 65nm 工艺等。在硅中介层中,也不包含晶体管等有源器件,这样可以保证较高的良率,降低制造风险和系统的静态功耗。

使用SSI技术最主要的优点：能在每代半导体制造工艺的早期，快速生产出良率高的大型FPGA器件，加快了产品面世周期，从而能快速抢占市场，尤其是高端市场。此外，当制造工艺逐渐成熟，并可以生产良率较高的大型单硅片FPGA器件时，使用SSI这种基于硅中介层的技术也能通过组合多枚硅片集成更多的可编程逻辑单元。

在2017年的HotChips大会上，赛灵思发布了Virtex UltraScale+ HBM系列FPGA，其中仍然使用了基于第四代硅中介层的技术来组合3枚16nm FPGA，以及2枚32GB的高带宽存储芯片(High Bandwidth Memory，HBM)，如图1-8所示。

图1-8　Virtex UltraScale+ HBM FPGA结构图(图片来自赛灵思)

1.3.2 SSI 技术的主要缺点

尽管 SSI 技术能在半导体制造工艺初期大幅提升良率，它的缺点也同样明显。总结起来主要有以下 4 点。

(1) 如前文所述，SSI 技术特别适用于每代半导体制造工艺的早期。此时制造大型硅片的工艺并不成熟，以至于良率较低。不过，当工艺成熟后，良率会明显上升，这时采用 SSI 技术的好处就不明显了。在开头的例子中，当工艺成熟后，制造 $6cm^2$ 硅片的良率会从一开始的 0.25%猛增至 55%，制造 $1.5cm^2$ 硅片的良率会从 22%上升至 86% 。这样一来，一块 12 英寸的晶圆可以产出 66.9 片 $6cm^2$ 的硅片，以及 104.6 片 $4×1.5cm^2$ 的硅片，产量差别已然不大。同时，制造硅中介层、TSV 以及在同一封装内组装多枚硅片的成本就会在此时逐步显现，导致整体的成本优势进一步减弱。

(2) 和一片完整的大型 FPGA 硅片相比，将多枚 FPGA 硅片通过硅中间层组合可能会显著降低芯片的性能。这里对性能的影响来自于很多方面，例如在垂直方向上，由于硅中间层的引入，为了连接硅片引脚和封装引脚，就需要先后经过包括 TSV 在内的很多额外结构，这势必造成延时的增加。相比之下，在单芯片结构里由于没有这些额外结构，信号只需经过封装基板内的导线即可。

在水平方向上，硅中介层中的导线和微凸块也会带来额外的延迟开销。研究表明，对于一个尺寸为 7mm×12mm 的硅片而言，其中的微凸块可能分布在距离芯片边界为 2.25mm 的“远方”。此时如果将两个硅片进行互连，在中介层中的导线长度会非常可观，从而可能带来 1ns 左右的线路延时。相比之下，FPGA 片上的延时才不过几百 ps，大概只是前者的 1/10。

在 2014 年，多伦多大学 Andre Pereira 和 Vaughn Betz 等人

在 FPGA 国际研讨会发表的研究结果指出，硅片间由中介层带来的延时会对系统性能带来消极影响。例如，当中介层的互连延时造成关键路径增加 0.5ns，1ns 或 1.5ns 时，系统性能会分别下降约 20%，35%和 50%。

此外，硅通孔 TSV 也可能会降低系统性能。对于一个大型的 FPGA，可能存在成百上千只 I/O 引脚，而每只都需要有 TSV 与之对应，这样会大大增加芯片的制造难度。同时，高密度 TSV 也可能对信号一致性造成干扰，引发串扰和耦合，尤其对于高速模拟信号而言，这极大增加了设计和控制的难度和复杂性。

(3) SSI 技术对 FPGA 配置的灵活性也可能会造成很大影响。采用多枚 FPGA 硅片相当于人为地划分了多个设计区域和硬边界。为了优化实现一个较大的 FPGA 设计，就可能需要对系统进行额外的逻辑划分，尽量使每个逻辑区域不会散落在多个硅片上，而这势必会增加项目周期和设计难度。此外，这些无法改动的设计区域和边界也可能会造成额外的片上资源的使用，从而导致功耗的增加和性能的降低。如图 1-9 所示，假设原本有一个设计包含模块 A 到模块 D，其中 D 为内存控制器，并连接了大量并行 I/O。在单芯片系统中，该设计只使用 2/3 的芯片面积即可实现，如图 1-9 上半部分所示。然而在 SSI 器件中，由于两个硅片间的互连延时增加，将模块 D 分布于两个硅片已无法满足时序要求，因此只能将其放于单个硅片中。这样一来，模块 A、B、C 要重新布局到整个芯片，造成不必要的资源使用，见图 1-9 下半部分。

(4) SSI 技术的第四个缺点是，为了适应这种新的多硅片 FPGA 架构，FPGA 设计工具需要进行一定程度的改动和优化。对于时序优化工具而言，片间延时的增加使得时序收敛的难度增加。对于布局布线工具而言，由于片间只存在相对有限的布局布线资源，因此增加了布局拥堵的可能性。和传统 FPGA 设计流程相比，在布局映射(Mapping)和布线(Routing)两个步骤之间，可能会需要加入额外步骤实现设计区域划分，以协调各个硅片的资

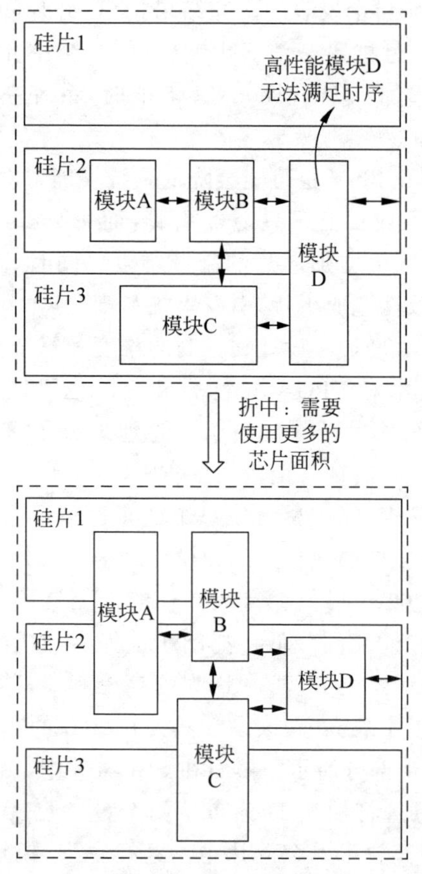

图 1-9 多硅片模型对 FPGA 配置灵活性的影响

源使用和时序收敛。另外，由于硅片间硬边界的存在，在设计工具中可能会需要加入额外的设计区域划分，以协调各个硅片的资源使用和时序收敛，这也使得全局的时序和布局布线的协同优化变得更加复杂。

1.3.3 SSI技术小结

赛灵思的堆叠硅片互联(SSI)技术自2012年发布至今,已经完成了多代的演进,时至今日仍然用于赛灵思最新的FPGA器件中。作为一种多芯片的集成和互联技术,SSI能在每代半导体工艺的发展初期,迅速提升大型芯片的良率,缩短产品面世的时间,快速抢占市场份额。然而,SSI技术最主要的问题就是人为引入了硅片间的"硬边界",并且会给芯片性能造成不可逆的负面影响,也给FPGA设计和优化工具带来了更大的挑战。

1.3.4 英特尔EMIB技术

英特尔从基于14nm制造的Stratix10系列FPGA开始,就采用了"异构3D系统级封装(System in Package,SiP)技术"。该技术产生的背景,与半导体制造工艺的发展也有密切联系,最主要的因素有以下两点:

第一,对于不同功能的IP,它们所对应的成熟或性价比更高的制造工艺不尽相同。例如,对于逻辑电路而言,工艺越先进通常会带来更好的性能和功耗,这也是为何CPU、GPU、FPGA等芯片产品不断追求新工艺的原因。然而对于很多其他类型的IP,如DRAM、Flash、传感器和模拟器件等,它们都适合或只能使用已成熟的工艺进行制造。这样就需要提供一种全新的硅片互连方式,将不同代的IP进行异构整合。

第二,不同IP的更新迭代速度不同。这里最典型的例子就是各类收发器IP与FPGA的整合。对于相同的FPGA,例如Stratix10,可能需要集成不同类型的收发器,由此形成多种FPGA的子产品门类。这些FPGA产品可能需要支持不同的协议和标准,如PCIe、以太网等,也可能有不同的数据速率的发展和迭代,如从 10.3Gbps 到 28Gbps，再到 56Gbps 等。但是如果将收发器和 FPGA 进行同构集成，也就是做在同一枚硅片上，那么每次收发器进行功能迭代和发展，都要重新进行整枚芯片的流片过程。同时，如果需要支持不同的速率或标准，就需要制造多个不同的完整芯片。因此，需要一种全新的硅片集成方式，既能保持 FPGA 硅片独立不变，又能异构连接多种收发器 IP 以组成完整系统。

为了应对这两个问题，英特尔提出了一个名为“嵌入式多硅片互联桥接(Embedded Multi-die Interconnect Bridge，EMIB)”的技术。EMIB 技术的示意图和封装切面图如图 1-10 所示。可以看到，和赛灵思的 SSI 技术不同，EMIB 没有引入额外的硅中介层，而是只在两枚硅片边缘连接处加入了一条硅桥接层(Silicon Bridge)，并重新定制化硅片边缘的 I/O 引脚以配合桥接标准。

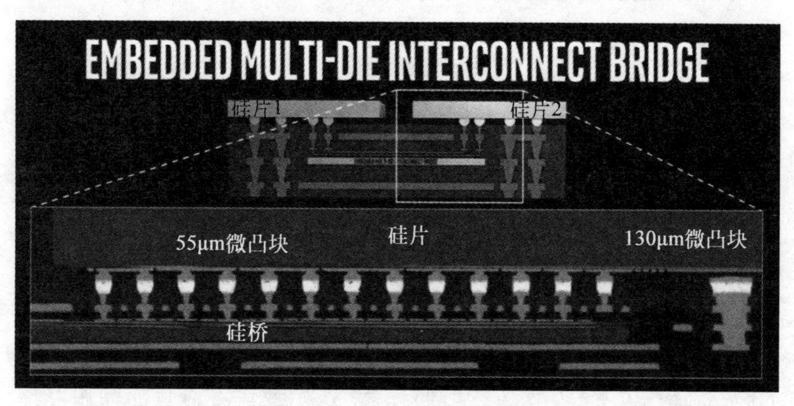

图 1-10　EMIB 技术示意图

与 SSI 这样使用硅中介层的技术相比，EMIB 最大的优点在于它降低了系统的制造复杂度，并降低了不同硅片间的传输延时。由于无须制造覆盖整个芯片的硅中介层，以及遍布在硅中介层上的大量硅通孔，EMIB 只需使用较小的硅桥在硅片间进行互连就可以满足硅片间的互联需求。同样地，由芯片 I/O 至封装引脚的连接和普通封装技术相比并未变化，因而无须再通过 TSV 或硅中介层进行走线。此外，硅桥接只需在硅片边缘进行，不需要在中介层中使用长导线。对于模拟器件（如收发器）而言，由于不存在通用的中介层，因此对高速信号的干扰明显降低。

在英特尔的Stratix10系列FPGA中，EMIB目前主要被用来进行FPGA与收发器以及高带宽存储器HBM的连接，如图1-11所示。这些由EMIB与FPGA互连的部分，英特尔将其称为不同的"Tiles"（子模块）。Stratix10系列FPGA和赛灵思的3D FPGA最大的不同点，在于它的可编程逻辑阵列部分使用了一枚完整的FPGA硅片，而非多个分立的小型FPGA硅片，这使其理论上可以规避上文提到的多硅片模型的各种缺点。

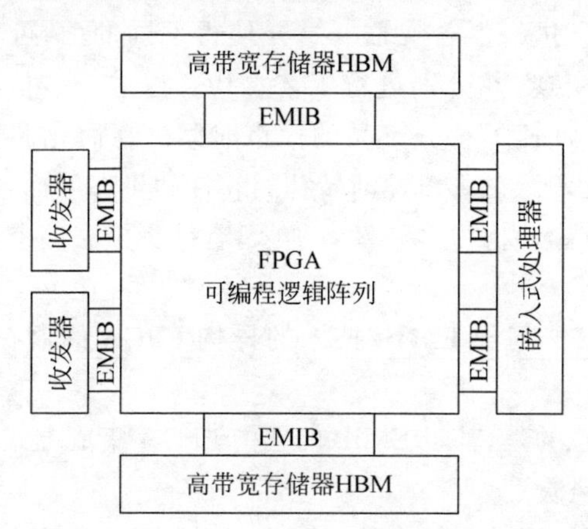

图1-11 使用EMIB技术进行FPGA的异构集成

在2019年的HotChips大会上，一家名为Ayar Labs的初创公司展示了一款名为TeraPHY的硅光学收发器。这个硅光收发器以芯粒（Chiplet）的形式，通过EMIB技术集成在英特尔Stratix10 FPGA上，并完成异构芯片封装。相比传统的电气收发器，这个光学收发器的最高数据带宽可达2Tbps，传输距离最高可达2km，而每比特的传输功耗则不超过1pJ（10^{-12}J）。

除了收发器和HBM外，EMIB还可以用来直接连接多个

FPGA 硅片。例如在前文提到的目前世界上最大的 FPGA-Stratix10 GX 10M 中，英特尔首次将两个拥有 510 万可编程逻辑单元的大型 FPGA 硅片通过 EMIB 相连，由此形成一个超大 FPGA。这两个 FPGA 硅片通过 25920 个 EMIB 数据接口进行互连，其中每个数据连接可以提供 2Gbps 的吞吐量，因此系统整体的通信吞吐量高达 6.5TBps。这事实上是在印证 EMIB 技术完全可以胜任处理超高带宽的吞吐量需求。

从另一个角度看，这种异构集成技术解耦了 FPGA 与各种 IP 单元的开发周期，形成了一种模块化的系统集成方案。这种基于 EMIB 的桥接方式，能够将 FPGA 与其他不同功能的 IP，以及不同的制造工艺进行混合集成。这样使得不同的 IP 可以在最优的制造工艺下实现，并分别进行工艺迭代。这进一步扩展了 FPGA 的应用场景，加速了细分产品的面市时间。在简化芯片本身开发的同时，研发资源也可以逐渐转移到软件和生态层面，相对而言降低了开发门槛，使得更多开发者加入，有助于扩大整个生态系统。

1.3.5 基于 EMIB 技术的异构 FPGA 的潜在问题

值得注意的是，基于 EMIB 的异构 FPGA 集成方式也有一些潜在的问题和风险。

首先，当使用单枚较大的 FPGA 硅片时，每代工艺早期的良率将可能会成为很大的问题，这会直接影响产品的面世时间。在当前激烈的市场竞争下，谁的产品优先面世，谁就能抢占更多的市场。不过，随着半导体制造工艺不断推进，技术难度不断增加，两代工艺的间隔会被逐渐拉长，这样会使得每代工艺的成熟时间也对应增长，从而在一定程度上缓解工艺早期的良率问题。

第二，通过 EMIB 连接不同硅片后，可能会形成一个不规则的芯片结构，由此可能引发一系列潜在的问题。在英特尔 Stratix10 MX FPGA 中(如图 1-12 所示)，可以看到 FPGA 与 HBM 以及收发器的布局排列并不规则。由于 EMIB 是无源器件，且 FPGA 和其他外置位 IP 的制作工艺、集成方法都不尽相同，例如 Stratix10 MX 中的高带宽存储器 HBM 是基于 TSV 制造的 3D 芯粒。那么，在芯片工作时，EMIB 两端的一致性可能会成为问题，如发热不均衡导致的应力、连接和可靠性问题等。

图 1-12　Stratix 10 MX FPGA 芯片图（图片来自英特尔）

1.3.6　EMIB 技术小结

EMIB 是英特尔在芯片互连和集成领域的杀手锏，它能够将多种不同工艺、不同功能、不同大小的硅片进行互连集成，同时提供高带宽、低延时的数据传输性能。除了 FPGA 之外，EMIB 已经被广泛用于英特尔的其他芯片产品，如旗下的 Nervana AI 芯片 NNP-I 等。

值得注意的是，EMIB 并不是英特尔唯一的 3D 互连和集成技术。事实上，上文介绍的 SSI 和 EMIB 技术也并非是真正意义上的 3D 芯片技术，这是因为各个硅片仍然只是排列在二维平面，而只是通过额外的中介层或桥接进行互连和集成。在业界，这种集成技术通常被称为 2.5D 技术，即介于二维芯片和三维芯片之间。

在 2019 年初，英特尔就公布了一项名为 Foveros 的“真 · 3D”封装技术，它可以将 CPU、GPU、DRAM、Cache 等不同功能的硅片堆叠在一起，然后再封装成为一枚完整的芯片。Foveros 将在英特尔基于 10nm 工艺的 Lakefield CPU 上使用。

值得相信，随着半导体集成与封装技术的不断推进，诸如 Foveros 的 3D 芯片技术也必将用于 FPGA 上，3D FPGA 芯片也终将面世并逐渐成为主流，将来也必然会出现更大、更复杂的 FPGA 器件。而驱动它出现的技术，也将不断推动科技和文明的延续。

1.4 突破集成度的边界——从 FPGA 到 ACAP

1.4.1 ACAP 概述

2018 年，赛灵思推出了名为 ACAP 的芯片产品。在发布伊始，赛灵思 CEO Victor Peng 就再三强调，ACAP 并不是 FPGA，而是整合了硬件可编程逻辑单元、软件可编程处理器，以及软件可编程加速引擎的下一代计算平台，是赛灵思“发明 FPGA 以来最卓越的工程成就”，足可见这个产品系列的重要性。

与其说 ACAP 是某种具体的芯片产品，不如说它像 FPGA 一样，代指一种芯片架构。在 2019 年，赛灵思公布了基于 ACAP 架构的首款产品：Versal。相比传统的 FPGA 架构，Versal ACAP 在系统架构、电路结构、互连方式等很多方面进行了大胆革新。在本节中，笔者将对 Versal 和 ACAP 的各项技术创新进行详细的介绍与解读。

1.4.2 芯片架构：在传统中变革

Versal ACAP 基于台积电的 7nm 工艺制造，它的芯片布局如图 1-13 所示。总体来看，它与传统 FPGA 结构非常类似，主要包含可编程逻辑部分、高速 I/O 与收发器、嵌入式处理器、存储器控制等 FPGA 的常见硬件资源与模块。

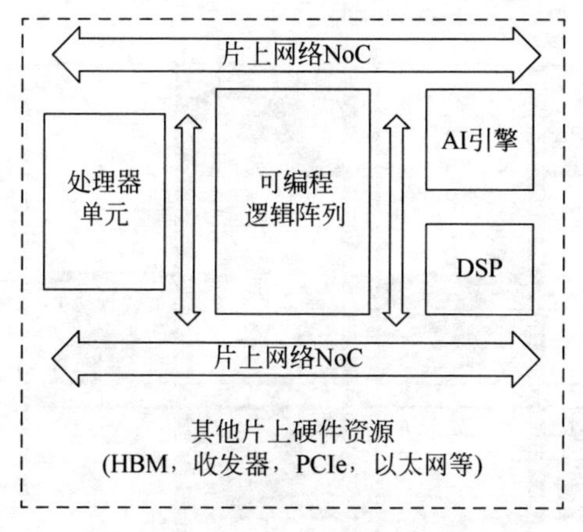

图 1-13 Versal ACAP 芯片资源布局

与传统 FPGA 相比，ACAP 架构有两点主要的不同：第一，芯片中固化了一组 AI 加速引擎阵列，如图 1-14 所示。在 Versal 中，包含 400 个 AI 引擎单元（AI Engine），并按横竖两个方向分布排列。这些 AI 加速引擎主要用来加速神经网络的推断计算和无线网络等应用中常见的数学计算和信号处理，其峰值 INT8 性能可以达到 133TOPs。在每个 AI 加速引擎中，包含两种内置处理器，一个是 32 位的 RISC 处理器，另外一个是有着 512 位数据总线的向量处理器，可以进行单指令多数据（SIMD）的定点数与浮点数并行计算。此外，每个 AI 引擎有 32KB 分布式内存，其中 L1 缓存有 12.5MB。每个 AI 引擎的内存单元也可以和临近的 AI 引擎以 DMA 的方式共享。

ACAP 架构的第二个创新点是在传统 FPGA 片上互连技术的基础上，采用了固化的片上网络（Network on Chip，NoC）技术，这主要是针对高带宽、高吞吐量的应用场景。NoC 一方面可以提供超高的数据传输带宽，另一方面减少了布局布线的压力。因此，相比于传统的 FPGA 互连方法，NoC 可以提供高达 8 倍的能效优化。

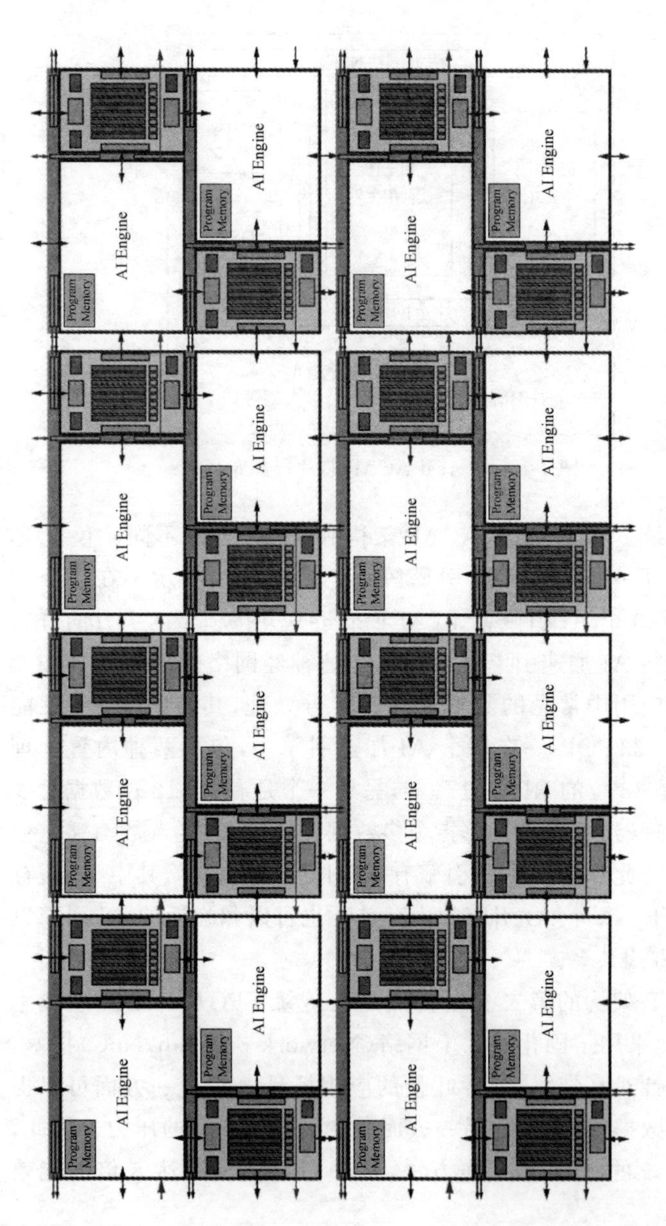

图 1-14 Versal ACAP 中的 AI 加速引擎阵列（图片来自赛灵思）

相比基于 CPU 或 GPU 的开发，FPGA 开发最大的痛点之一就是编译时间过长。通常情况下，编译一个中等规模的 FPGA 设计往往需要几个小时之久。为此，Versal ACAP 架构采用了更加规整的可编程逻辑阵列和时钟域分布。通过这种方式，大大提升了 IP 接口的复用性。也就是说，把一个 IP 从一个位置移动到另一个位置时，不需要对整个设计重新编译，只需要单独处理修改的部分即可。这样一来，用户可以重复使用已经完成布局布线的"半成品"或"模板"，只需要在事先保留的区域内加入新设计即可，这样可以极大地减少编译时间。

1.4.3 CLB 微结构：翻天覆地

CLB 是可编程逻辑块（Configurable Logic Block）的缩写，它包含了多个可编程逻辑单元及其互连，是 FPGA 体系架构中的主要组成部分。与传统 FPGA 相比，Versal ACAP 对它的 CLB 微结构进行了"翻天覆地"式的重大革新。其中，最主要的架构变化有以下 4 点。

第一，与赛灵思现有的 UltraScale FPGA 架构相比，ACAP 中的 CLB 面积扩大了 4 倍，如图 1-15 所示。也就是说，在新的 CLB 中包含 32 个 LUT 和 64 个寄存器。这样做的主要目的，是为了减少全局布线资源的使用。ACAP 为每个 CLB 设置了单独的内部高速互连，与全局布线相比，这些内部互连更加快速，布线逻辑也更简单，从而减轻了全局布线的压力与拥挤。采用了大 CLB 后，有 18%的布线可以直接通过内部互连完成。而对于传统 FPGA，只有 7%的布线能在 CLB 内完成，而其他的布线都需要通过占用全局布线资源。

第二，每个查找表结构 LUT 增加了一个额外的输出，这是一个重要的架构变化，如图 1-16 所示。传统 FPGA 的 LUT 结构曾经只有 4 个输入，当前的大部分 FPGA 已经将其增加为 6 输入、

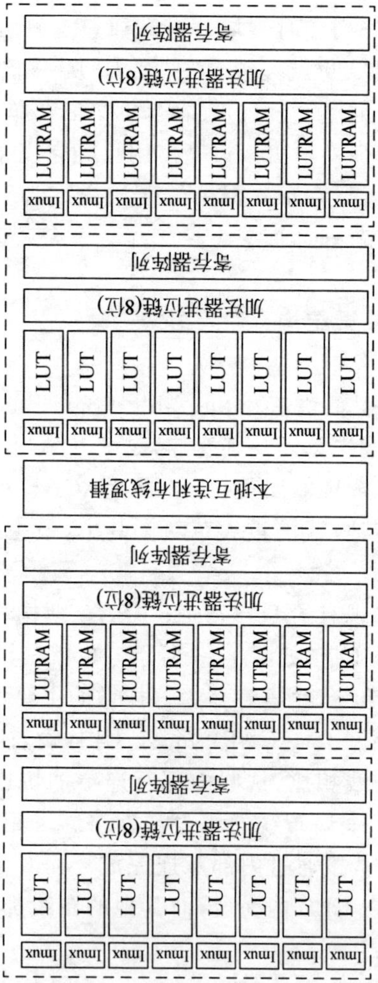

Imux Imux Imux Imux Imux Imux Imux Imux
LUT LUT LUT LUT LUT LUT LUT LUT
加法器进位链(8位)
寄存器阵列

Imux Imux Imux Imux Imux Imux Imux Imux
LUTRAM LUTRAM LUTRAM LUTRAM LUTRAM LUTRAM LUTRAM LUTRAM
加法器进位链(8位)
寄存器阵列

本地互连和布线逻辑

Imux Imux Imux Imux Imux Imux Imux Imux
LUT LUT LUT LUT LUT LUT LUT LUT
加法器进位链(8位)
寄存器阵列

Imux Imux Imux Imux Imux Imux Imux Imux
LUTRAM LUTRAM LUTRAM LUTRAM LUTRAM LUTRAM LUTRAM LUTRAM
加法器进位链(8位)
寄存器阵列

图 1-15 Versal ACAP 的新 CLB 结构

2 输出，从而可以实现任意的 6 输入逻辑，或者两个 5 输入逻辑。当添加了一个新的输出之后，就可以在一个 LUT 内实现两个独立的 6 输入逻辑功能。这种结构的另外一个好处是允许更多的逻辑功能进行合并，以减少 LUT 的使用量。FPGA 设计工具会根据两个 LUT 的距离，判断这两个 LUT 里的逻辑能否进行合并。例如，与 UltraScale 架构相比，当两个 LUT 之间的距离小于 5 个 Slice 网格距离时，Versal ACAP 架构能多合并 21.5%的逻辑功能，从而减少相应的硬件资源使用。

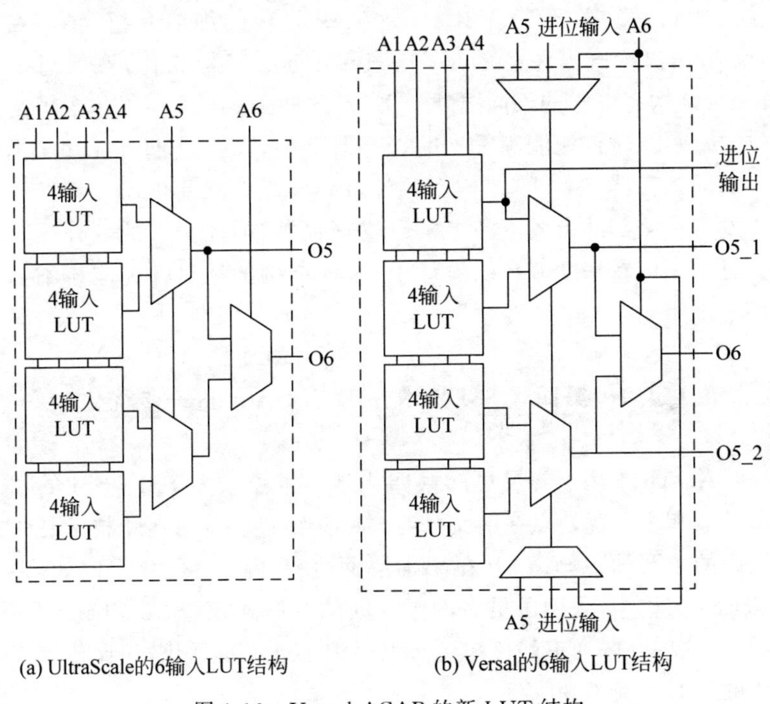

图 1-16 Versal ACAP 的新 LUT 结构

作为代价，在 UltraScale 架构中的宽函数功能被移走。因此如果需要实现例如 32 选 1 的选择器时，可能就会将逻辑扩展到多个逻辑片，而这将对时序造成负面影响，并且需要额外的硬件资源支持。

第三，每个逻辑片的进位链逻辑结构进行了彻底修改。在这其中，一直是现代FPGA标配的加法器进位链被完全移除，取而代之的是使用LUT中新增加的“进位输入”信号和查找表逻辑完成加法和进位传输。

第四，引入了名为“Imux寄存器”的新结构。这种结构与英特尔Stratix10和Agilex系列FPGA中的HyperFlex架构有着异曲同工之妙，它们的主要目的都是用于在关键路径中引入额外的寄存器和流水线层级，从而实现流水线重定时（Retiming），加速时序收敛的过程。关于英特尔HyperFlex架构的细节介绍，将会在1.5节给出。值得注意的是，与HyperFlex架构相比，赛灵思的Imux结构有着它的不同之处。例如，这些Imux寄存器包含了复位、初始化、时钟使能等常见的寄存器功能，而不是HyperFlex里采用的锁存器（Latch）结构。此外，Imux只存在于CLB之前，且并没有在全部的布线资源上都设置寄存器，因此引入的额外延时会更小。但在深度流水线设计中，这种结构的绝对性能应该不如HyperFlex。

1.4.4 第四代SSI技术：3D FPGA的进一步优化

ACAP采用了赛灵思的第四代硅片堆叠技术SSI。SSI的技术细节和主要优缺点在前文已经详细介绍过。针对SSI技术延时较高的主要缺点，ACAP在架构层面进行了大量优化。例如，在Versal架构中，采用了更多的硅片间的互联通道（SLL Channel）。同时，这些互联通道的传输延时也得到了进一步优化，相比传统连线的延时下降了30％。

1.4.5 片上网络：高带宽数据传输的全新利器

在诸如DDR存储器、高速网络、PCIe等高速接口与应用中，通常有着很高的带宽要求。为了应对这个问题，一方面需要采用高位宽的总线，另一方面需要高速时钟。因此，传统的 FPGA 设计方法都是通过对总线进行深度流水线来实现高带宽和高吞吐量。但是，对于一个大型设计而言，这种方法会很快造成 FPGA 片上布线资源的拥挤，继而导致时序收敛困难和性能下降。这就需要寻找有效的方法，同时解决高速数据传输和低拥堵布线两个问题。

ACAP 带来的答案就是片上网络 NoC 技术，它的结构示意图如图 1-17 所示。在传统的 FPGA 布线资源之外，ACAP 引入了固化的 NoC 网络，将需要进行高速数据传输的内容转化成基于数据包的形式，通过片上网络的交换机逻辑实现数据交换。这种方法最大的优点是，在系统层面将数据传输与数据计算进行了分离，从而在保证带宽的基础上，缓解了系统的布局布线压力。例如，数据计算可以在 AI 引擎或片上其他部分实现，而不需紧靠 DDR 控制器等高速接口。同时，与网络应用类似，这种片上网络也能对各类的传输进行服务质量控制(QoS)。

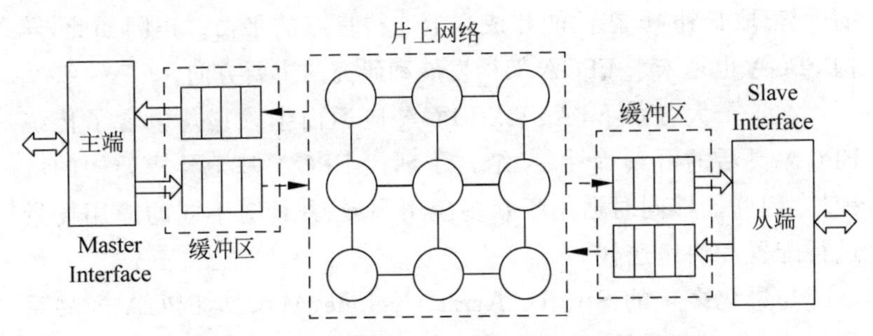

图 1-17　ACAP 采用的片上网络 NoC 结构示意图

不过，在 FPGA 上采用片上网络的主要问题是引入了额外的传输延时，这对于需要固定延时或者低延时的应用可能会有影响。此外，片上网络的位宽是固定的，无法对应用进行优化，这也有可能对不同应用的系统性能造成负面影响。

1.5 灵活与敏捷共存——英特尔 Agilex FPGA

伴随着英特尔 10nm 工艺的逐渐成熟，基于 10nm 工艺的 FPGA 也终于揭开了它神秘的面纱。2019 年 4 月，曾经代号为 Falcon Mesa 的英特尔最新一代 10nm FPGA 正式亮相，并命名为“Agilex”。

Agilex 是 Agile（敏捷）和 Flexible（灵活）的结合，而这两个特点正是现代 FPGA 技术最为核心的两大要点。具体来说，“灵活性”就是指可编程性，它基于 FPGA 的核心技术——可编程逻辑阵列，可以灵活地针对不同应用场景进行编程，并改变 FPGA 的逻辑结构和功能。“敏捷性”指的是异构，它既可以是不同逻辑单元之间的异构，也可以是不同工艺的异构，或者两者兼而有之。前文曾提到，不同类型的 IP 所对应的成熟工艺与迭代时间都不尽相同，只有采用异构的模式，才能充分发挥不同 IP 和不同工艺节点的优势，取长补短，在性能和成本上取得良好的平衡。正因如此，异构 FPGA 也是未来 FPGA 架构发展和研究的主要方向。

在这个大背景下，Agilex FPGA 应运而生。它既包含了传统 FPGA 灵活的可编程性，又结合了现代 FPGA 基于异构架构的敏捷性，因此能够同时适用于众多应用领域，并针对不同的应用场景进行配置和快速迭代。

与进化多年的 Stratix、Arria、Cyclone、Max 等 FPGA 产品系列相比，Agilex 是原 FPGA 巨头 Altera 在 2015 年底被英特尔收购，并成为其可编程方案事业部（PSG）后正式推出的一个全新的 FPGA 系列。正因如此，Agilex 无疑被英特尔寄予了更多的期待。在这些期待背后，离不开来自英特尔的核心技术的加持。而这也将是区分 Agilex 与它的前代产品，以及其他竞争产品的最主要的优势。

1.5.1　英特尔 10nm 工艺能否后发制人

英特尔在半导体领域称雄几十年，靠的就是两个独门绝技：第一是众所周知的 x86 架构，第二则是曾经遥遥领先竞争对手的半导体制造工艺。这也促成了英特尔著名的“Tick-Tock”战略，即架构和工艺的更新逐年交错进行，同时还能保持处理器性能的稳步增长。

现已退休的 Mark Bohr（马克·波尔）曾是负责英特尔工艺研发的灵魂人物之一，他是英特尔资深院士（Senior Fellow）和美国工程院院士，并曾任英特尔半导体科技与制造业务部总监。在 40 余年的英特尔职业生涯中，波尔和他的同事们不断的突破物理学极限，使计算机系统在不断缩小的同时，性能却成倍增强。这使得在过去的几十年时间内，英特尔的半导体工艺技术一直处于世界的绝对领先位置。因此，波尔在业界享有盛名，被誉为是不断推动摩尔定律前进的人。

在 2017 年 9 月，波尔曾在英特尔的“精尖制造日”上发表了名为“工艺领导者”的主旨演讲。这个演讲最重要的内容之一，就是发布了英特尔的 10nm 工艺路线图。波尔认为，相比于前几代工艺发展的时间节点，10nm 的研发周期将会更久，但同时也会带来更高的性能提升，由此在整体上保持摩尔定律的延续。

后来的故事我们都知道了，英特尔这家芯片巨头在 10nm 工艺上遇到了阻碍。后来，波尔也承认说“我认为，我们在 10nm 工艺上有些冲动了”，“也许我们应该下调一些我们的目标，这样过渡起来就会容易得多”。这次受阻的结果是，曾经被远远甩在身后的竞争者们纷纷在 10nm 这个工艺节点完成了超车。在过去的几年中，台积电和三星都逐渐将自家的 10nm 工艺投入量产，并已经开始布局 7nm 甚至更小制程的研发和路线图规划。

终于，在 2019 年初，痛定思痛的英特尔一口气发布了 4 款基于10nm工艺的芯片产品，包括“Ice Lake”和“Lakefiled”CPU，以及“Snow Ridge”网络处理器等。这些新产品涵盖了个人计算平台、数据中心、5G网络等多个应用领域。而这次发布的Agilex系列FPGA，也正是基于英特尔10nm工艺的旗舰级FPGA产品。

在Agilex系列FPGA中，使用了基于10nm工艺的第二代EMIB技术，用来连接可编程逻辑阵列以及周围的各类芯粒(Chiplet)。前文介绍过，与赛灵思采用的SSI技术相比，EMIB不需要引入额外的硅中介层，因此也不需要SSI技术中不可或缺的大量硅通孔，这样显著降低了系统的制造复杂度。EMIB不需要在中介层中使用长导线，因此降低了不同晶片间的传输延时，减少了信号的传输干扰。另外，EMIB可以将不同的子芯片集进行快速连接和互换，从而实现芯片的快速迭代。

1.5.2 全新的芯片布局与微架构优化

相比目前的英特尔旗舰FPGA系列Stratix10，Agilex在芯片布局和微架构设计上都做出了多个重要改变。Agilex的芯片布局如图1-18所示。与现有的英特尔FPGA相似，Agilex也使用了EMIB技术提供多个异构硅片之间的高速互连，特别是可编程逻辑部分与不同速度的收发器Tile之间的连接。在图1-18中可以看到，收发器固定位于芯片的东西两侧，而其他的非可编程逻辑结构，例如通用I/O接口、存储器接口、嵌入式SRAM、4核ARM CPU等，都将固定位于芯片的南北两侧。

Agilex在芯片布局上的一个重大变化，就是将原本位于芯片中间的很多通用I/O、存储器I/O、硬核处理器等部分移到了芯片两端。在英特尔之前的几代FPGA中，例如Arria10系列和Stratix10系列FPGA，可编程逻辑阵列、I/O单元、存储器、DSP等逻辑结构都是按列为单位进行间隔排列的，如图1-19所示。事实上，这也是包括赛灵思在内的其他FPGA厂商所常用的FPGA芯片布局方法。

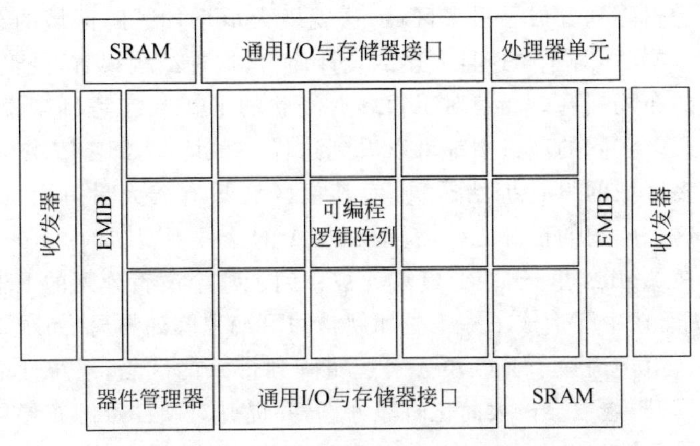

图 1-18 Agilex FPGA 的芯片布局示意图

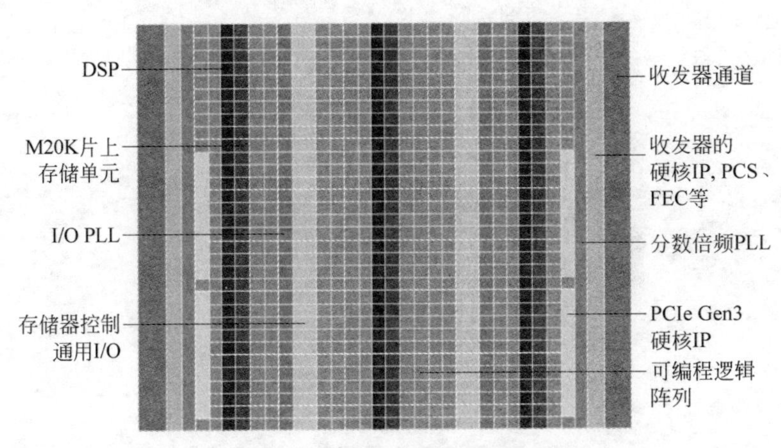

图 1-19 英特尔 Arria10 系列 FPGA 的芯片布局

这种间隔排列的结构最大的优点在于，它能简化 FPGA 设计过程中对硬件资源的布局规划，特别是与 I/O 引脚相关的布局。这是因为在这种架构中，每个逻辑单元与 I/O 单元的距离近似，所以在布局和放置时有着比较高的灵活性。

然而，这种结构最突出的缺点是，它相当于人为地将一整片可编程逻辑阵列分成了很多区域，这就极大地增加了跨区域的布线延时。同时，对于高速且大型的设计而言，这种结构很有可能造成局部的布局拥塞。相信对于很多有经验的FPGA工程师来说，他们在很多实际的项目中都可以看到这样一种情况，即FPGA片上有很多区域的设计拥堵严重，而其他区域却有着大量可用资源。造成这个问题的根源之一，就是FPGA的这种列型结构。

在Agilex里，这些I/O单元被移到了整个逻辑阵列的上下两侧，从而在中间形成了一个更加规整的可编程阵列布局，如图1-20所示。由于消除了I/O单元对逻辑阵列带来的区隔，系统性能得到了提升，这也会极大简化时序计算，并提升对硬件资源布局与放置的灵活性。

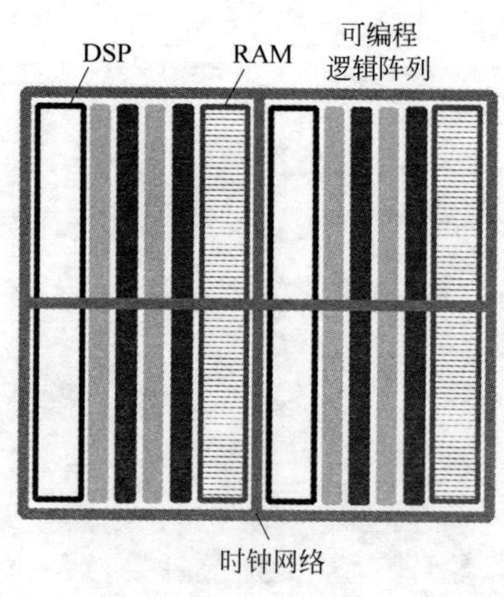

图1-20　英特尔Agilex FPGA的芯片布局

在微架构方面，Agilex对其中的自适应逻辑模块ALM进行了设计优化，以进一步降低其传输延时。ALM是英特尔FPGA的基本可编程单元，在Stratix10 FPGA中，它的ALM结构如图1-21所示。可以看到，它主要包含一个6输入LUT，一个加法器进位链，以及 4 个输出寄存器。多个 ALM 可以组成更大的可编程阵列，名为逻辑阵列块(Logic Array Block，LAB)。

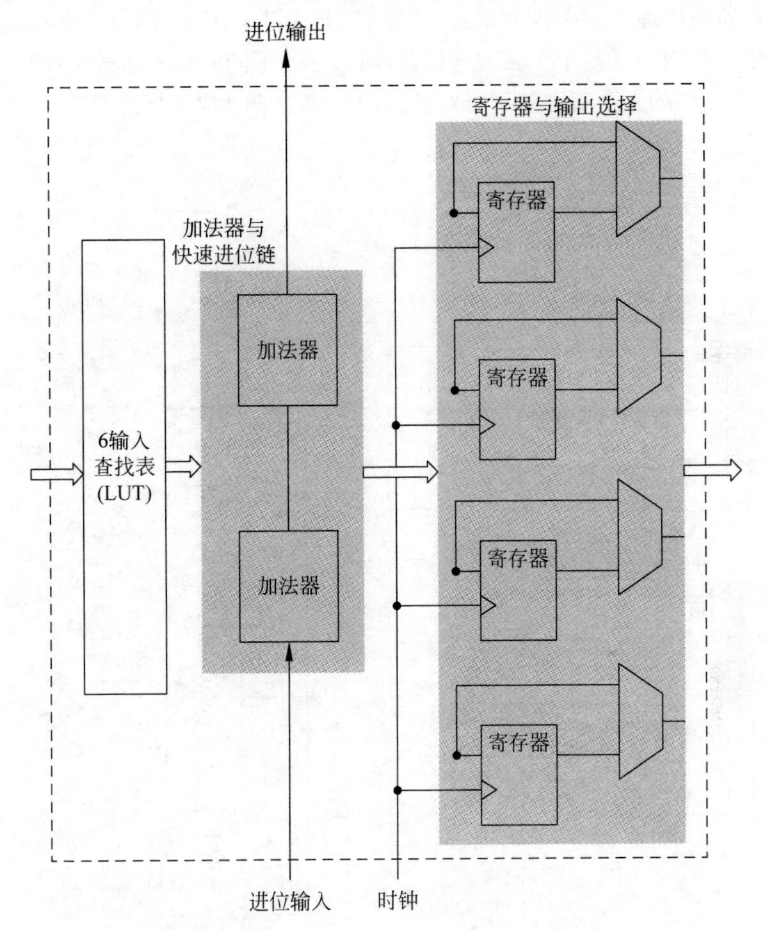

图 1-21　Stratix10 FPGA 的 ALM 结构

和 Stratix10 相比，Agilex 对 ALM 做了不少架构升级，如图 1-22 所示。其中，增加了两个 LUT 的快速输出端口，使得 LUT 的输出可以直连 HyperFlex 寄存器，而无须再通过 ALM 内部的寄存器中转。这显然是针对利用 HyperFlex 对关键路径进行重定时(Retiming)的应用场景而进行的优化。同时,ALM 内部的寄存器灵活性得到了极大增强,可以看到,Agilex ALM 的每个寄存器输入都增加了一个 4 输入选择器,用来选通不同的输入信号。同时,ALM 里的 4 个寄存器都可以通过两个独立的时钟进行控制。

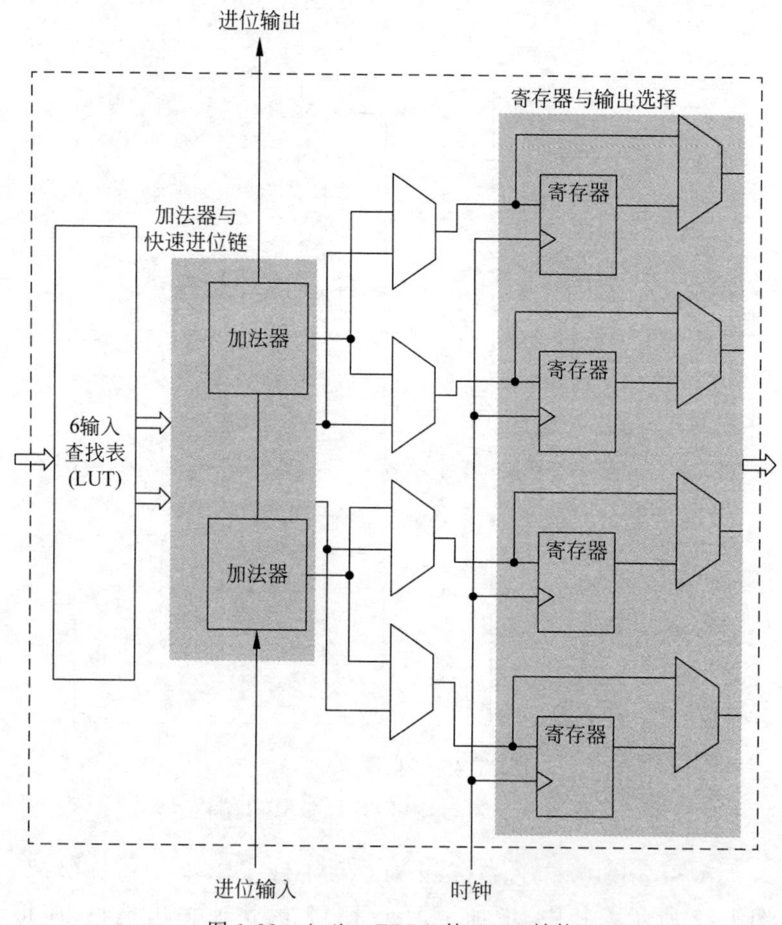

图 1-22　Agilex FPGA 的 ALM 结构

除了 ALM 之外，Agilex 还特别增加了片上内存 MLAB (Memory LAB) 的逻辑密度。与 Stratix10 相比，单位面积内 Agilex 有着双倍的 MLAB 密度，而且 50% 的 LAB 可以配置成存储器模式。这个优化很明显是针对高带宽需求的应用领域，如 AI 相关的计算加速等。

Agilex 还对 FPGA 的布线单元进行了重新设计，如图 1-23 所示。其中，DIM (Driver Input Mux)、LIM (Logic Input Mux)、LEIM(Logic Element Input Mux) 如图 1-23 所示。可以看到，每个交换节点都只连接一个逻辑功能单元(可以是 LAB、RAM、DSP 等)，但可以连接多个其他的布线单元或者其他的交换节点。在之前的 FPGA 架构中，通常情况下一个交换节点会和左右两侧的两个逻辑功能单元进行连接。这样的简化设计使得 Agilex 整体的布线架构更加简洁，也在很大程度上减少了交换节点 MUX 的输入，从而在保证布线灵活性的基础上，有效地降低容抗，并提升性能。事实上，之前就有研究表明，FPGA 的布线节点并不需要保持

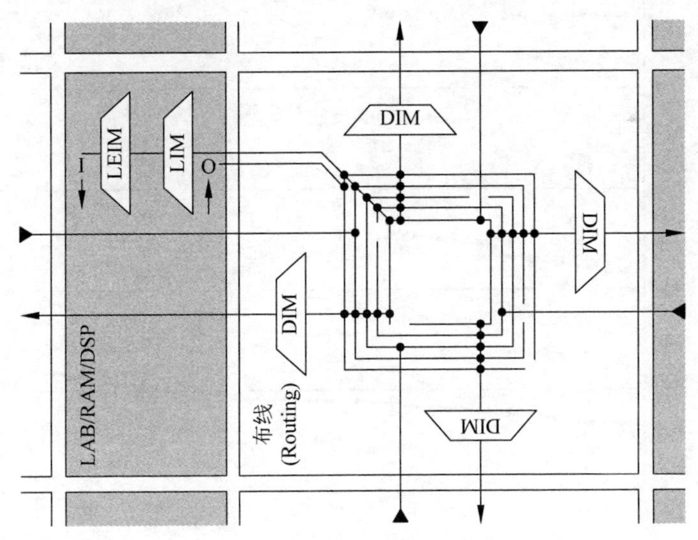

图 1-23 Agilex 的布线节点(图片来自英特尔)

全连接。而Agilex则更进一步，直接做成了1对1连接，相信这也对FPGA设计工具和布局布线算法提出了更高的要求。

此外，Agilex对各个逻辑单元之间延时的统一性做了针对性的优化。在之前的FPGA中，由于存在不可避免的工艺和时序变化(Variation)，会特意对芯片上的各种硬件资源做差异化处理。也就是说，同样的硬件资源可能有着不同的延时分布。从理论上讲，FPGA设计工具会在优化设计时自动避免将慢速资源分配到关键路径上。但在实际应用中，这并非总是可行的。例如，在高速设计或深度流水线设计中，就可能存在多条与关键路径有着类似延时的路径，即"Near Critical Path"，而这就会给资源分配造成很大的限制，也会极大增加EDA工具的计算难度。

为了应对这个问题，Agilex使用了基本同化的硬件资源，以及对应的布线方法，从而使得各个硬件资源的延时趋于近似。从图1-24中可以清楚地看到，相比Stratix10 FPGA，Agilex的延时

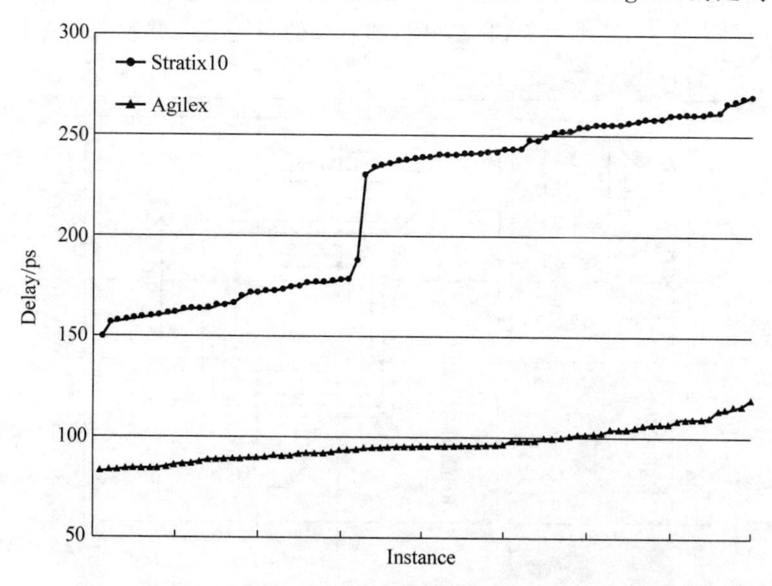

图1-24　Stratix10与Agilex的延时分布对比(图片来自英特尔)

分布非常平坦。这样就简化了布局布线工具对资源分配的过程，从而提升了开发效率和系统性能。

1.5.3　CXL：CPU与FPGA互连的终极方案

当前，FPGA的一个主要应用场景是在数据中心里作为CPU的硬件加速器，用来加速各类应用，如深度学习的模型训练、金融计算、网络功能卸载等，这在本书后面的章节将会详细介绍。在数据中心的CPU领域，英特尔的Xeon CPU一直是最强王者，占据着大多数的市场份额。虽然大量竞争对手都不断尝试从中分一杯羹，例如x86阵营的AMD，或者ARM阵营的高通等，但至少目前还没有对英特尔的支配地位形成足够的威胁。在这种情况下，作为数据中心加速器的FPGA，首先需要考虑的就是与Xeon CPU的兼容性问题。很明显，作为具有"纯正血统"的Agilex FPGA，从出生就相比竞争对手占据了天时和地利的优势。

缓存一致性问题一直是硬件加速器领域亟待解决的核心问题之一。解决这个问题的主要方法，就是明确和标准化普及CPU与硬件加速器之间的内存互联协议，就好比大家熟知的用于CPU和加速器通信的PCIe协议等。

基于此，很多半导体公司与设备厂商发起了多种多样的缓存一致性协议，具有代表性的包括AMD、高通等公司发起的CCIX，见图1-25，以及IBM发起的OpenCAPI等，见图1-26。每个协议阵营都包含了CPU厂商，以及加速器厂商，负责提供FPGA或网络加速器等方案。可以看到，英特尔并不属于这两个阵营中的任何一个。

在2019年3月，英特尔宣布联合微软、阿里、思科、戴尔EMC、Facebook、谷歌、惠普企业HPE和华为等公司，共同组建一个全新的缓存一致性标准，名为CXL(Compute Express Link)，如图1-27所示。值得注意的是，与OpenCAPI和CCIX的主要发起

CCIX阵营的主要公司

QUALCOMM

XILINX.

图 1-25　CCIX 的主要成员

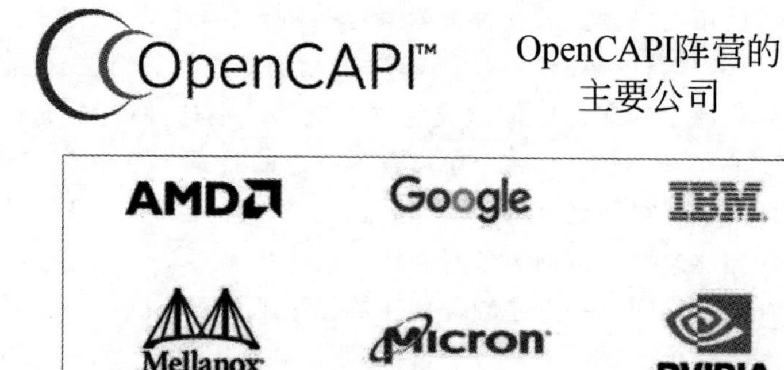

XILINX.

图 1-26　OpenCAPI 的主要成员

公司多为半导体公司不同，CXL 的发起者中有 4 个互联网巨头、两个服务器设备制造商，以及两个网络设备制造商。这种多元性立体地呈现了 CXL 的目标应用领域：互联网数据中心、通信基础设施、云计算与云服务，等等。而这些领域也正是 FPGA 大显身手的重要平台。

对于 Agilex FPGA，它将原生支持 CXL 协议，并将成为业界首款面向 Xeon 可扩展处理器的内存一致性硬件加速器。值得注

图 1-27 CXL 的主要成员

意的是，CXL 协议基于第五代 PCIe 协议进行设计和扩展，这样可以完全复用 PCIe PHY 和通道，与其他类似的协议相比有着更好的易用性。这在天时和地利的基础上，势必为 Agilex 在数据中心的使用带来巨大的人和优势。

1.5.4 可变精度 DSP：全力支持 AI 应用

在人工智能应用中，FPGA 的最大优势之一就是可以在运算时采用可变精度，而不是 CPU 等芯片中采用的固定字长，从而带来巨大的性能提升。在现有的英特尔 FPGA 中，就以硬核的方式固化了定点数及双精度浮点数(FP32)的 DSP 单元，以提升相应操作的性能，并降低功耗。在 Agilex FPGA 中，又加入了对 FP8、单精度浮点数 FP16 和块浮点数 BFLOAT16 的支持，同时也增加了 DSP 中不同精度乘法器的数量、并扩展了乘法器的配置方式。一些常用的 DSP 配置结构示意图如图 1-28 所示，请注意这里是简化过的结构图，更多细节可以去英特尔官方的 Agilex FPGA 可变精度

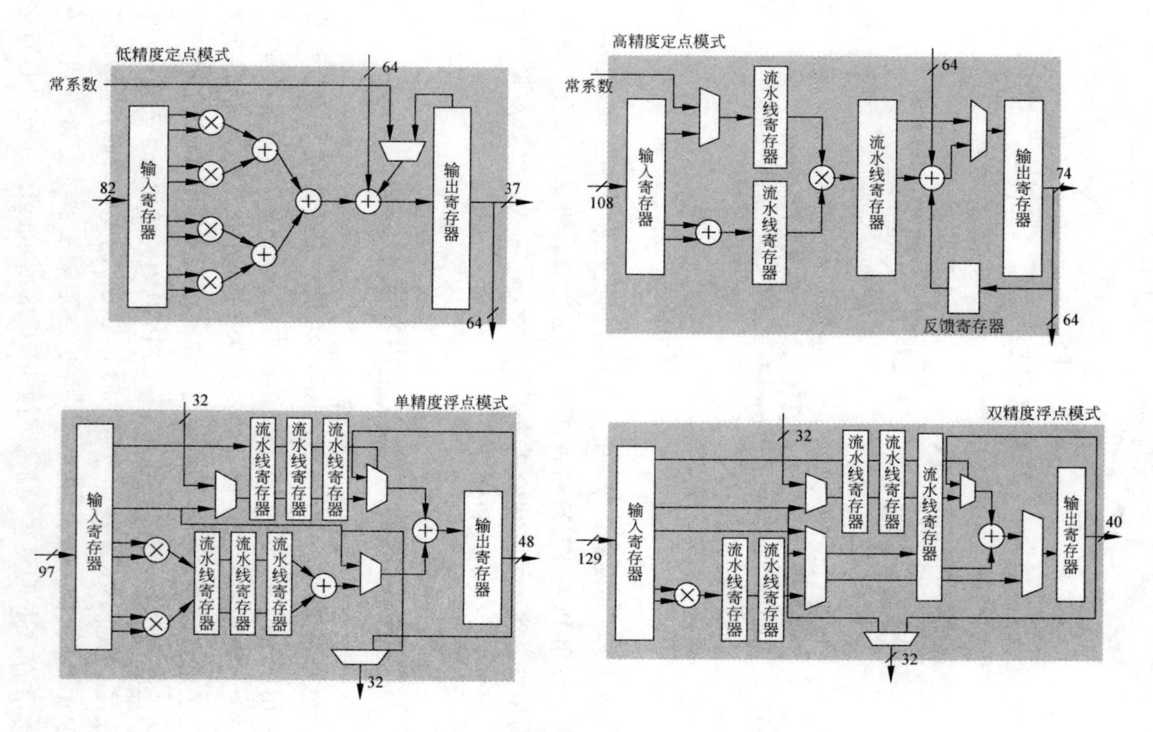

图 1-28　Agilex 可变精度 DSP 的一些配置模式

DSP 支持文档里查看。通过支持不同精度的 DSP 配置，使得 FPGA 既可以使用浮点数进行 AI 模型的训练，也可以使用更低精度的定点数进行 AI 模型的推断。可以说，这些针对 AI 应用的革新，势必会极大地扩大未来 FPGA 在 AI 领域的使用范围。

1.5.5 增强版 HyperFlex 架构

与 CPU 或 GPU 相比，FPGA 的时钟频率很低，通常只有 200～400MHz。因此，为了达到一定的吞吐量需求，FPGA 需要使用更高的数据总线宽度，以弥补时钟频率的不足。但过宽的数据总线会带来布局布线的拥挤，以及时序的收敛问题。所以，在现代 FPGA 架构中，如何不断提升 FPGA 的工作频率，一直是业界研究的重点。

HyperFlex 架构是英特尔在 Stratix10 系列 FPGA 上采用的一项主要架构创新。它的主要思想就是在 FPGA 的布线网络上，加入很多名为 Hyper-Register 的小型寄存器，这样可以把原本比较长的时序路径分割成多个较短的路径，从而达到提升工作频率的目的。

但是，理想很丰满，现实很骨感。这样的设计有着很好的初衷，但在实际应用中还是存在着很多的问题。在很多情况下，不是所有的 Hyper-Register 都会被使用，这就需要每个寄存器都配备一个 2∶1 选择器用来选通，以控制 Hyper-Register 的使用。然而，这样的架构反而会带来较大的额外延时，也使 FPGA 设计工具中的重定时和自动流水线算法变得更加复杂。此外，每个 Hyper-Register 并非由边沿驱动的“寄存器”(flip-flop)，而是由脉冲驱动的“锁存器”(latch)，这就使得它的时序特性较差，并且非常容易受工艺变化(Process Variation)的影响。

显然，英特尔也意识到了这些问题。在 Agilex FPGA 中，采用了“第二代”HyperFlex 架构，并对上面的问题进行了大幅改进。

新一代的 Hyper-Register 把锁存器替换成了寄存器，并对驱动节点进行了重新设计，使得 Hyper-Register 的旁路延时最高降低了40%。同时，Agilex 在布线网络中移除了近 2/3 的 Hyper-Register，这无论对于面积、功耗，或是设计工具的优化来说，都是极为有利的。

与 Stratix10 相比，Agilex 可以取得平均 41%的性能提升。在英特尔公布的基准测试数据中，Agilex FPGA 工程样片最高时钟频率的平均值是 566MHz，最小值是 284MHz，而最高的时钟频率则达到了 951MHz。相比于传统 FPGA 设计的 300MHz 左右的时钟频率，这组数据也标志着 FPGA 的时钟频率提升到了一个全新的高度。同时应该注意到，尽管 Agilex 使用了 10nm 工艺，但相比 Stratix10 而言，Agilex 使用了更低的电压以降低功耗。在这个背景下，这些频率的提升很多都归功于 Agilex 的架构创新。这也让人们对 Agilex 量产并交付后的表现更加期待。

1.5.6 oneAPI：英特尔的雄心

oneAPI 是英特尔在生态布局中最重要的一环，这已经不是什么秘密了。在 2018 年底举行的英特尔架构日上，英特尔的芯片首席架构师 Raja Koduri 对外公布了公司正在着力研发的一件“大事”：oneAPI 的软件编程框架，而 Agilex FPGA 也将成为首款支持 oneAPI 的 FPGA 产品。

顾名思义，oneAPI 将会为英特尔旗下的各类芯片产品，包括 CPU、GPU、FPGA，以及各种 AI 和其他应用的硬件加速器等，提供一个统一的软件编程接口，使得开发者可以随意在底层硬件之间进行切换和优化，而无须太多关心具体的电路结构和细节。

除了编程接口外，oneAPI 还包含一个完整的开发环境、软件库、驱动程序等。这个跨平台的编程框架代表了英特尔最大的野心，就是将旗下所有的芯片和硬件产品通过这个软件系统连接起来，实现无缝切换，并适用于各类主流应用。同时，可以预见英特尔还将围绕这个软件系统逐步构建生态环境。因此这个系统一旦实现，将成为其他竞争对手难以匹敌的优势。有关 oneAPI 的更多内容，将在第 4 章中详细介绍。

1.6　本章小结

很多人将 FPGA 比作积木，是因为 FPGA 就像积木那样，可以用来搭建和实现各种应用。然而，制造和设计 FPGA 本身却不像搭积木那样简单。FPGA 从发明到兴起已超过 30 年的时间。作为摩尔定律的完美体现，FPGA 见证了半导体行业从小到大、从弱到强的不断演进。

我们现在正处于一个充满变数的时代。随着摩尔定律进入黄昏，集成电路在性能、功耗和成本上的进步可能会越来越慢，半导体行业的发展也进入了重要的十字路口。如何延续发展，如何寻找下一个行业爆发点，已经成为业界努力追求的目标。

值得欣喜的是，FPGA 再一次成为了最早实践全新科技的领军者，为我们带来了诸多系统和微结构的换代和革新，并不断突破芯片集成的限制和边界。这些来自 FPGA 的科技创新，都让人们看到了业界为了延续摩尔定律的发展所做的不懈努力。

第2章

拥抱大数据洪流——云中的FPGA

目前，全世界超过 90%的数据都是在过去两年之内产生的。随着人工智能、自动驾驶、5G、云计算等各种技术的不断发展，海量数据将会源源不断地产生，预计到 2025 年，数据总量将比现在增长 10 倍。在上述技术的发展中，很大一部分都基于对大数据的研究和分析，也因此，有人形象地将数据比喻为人工智能时代的石油。

即便如此，现如今只有不到 1%的数据被进行了有效的处理、分析和利用。由此可见，如何以数据为中心，寻找对现有系统进行优化设计、升级和创新的方法，拥有巨大的市场潜力和前景，是急需解决的事情。这其中，数据中心是支持数据计算与传输最重要的环节。因此，数据中心市场也逐渐成为了各大半导体与互联网公司的必争之地。

一方面我们看到，传统 FPGA 企业在积极争取数据中心领域的市场份额。例如，英特尔在近年来一直在积极地寻求业务转型，其核心愿景是从一家以个人计算机和 CPU 为主要市场和产品的传统半导体企业，转向以数据为中心并围绕其发展全栈式解决方案的公司。在这其中，FPGA 将作为硬件加速器，主要用于加速数据的计算和传输。对于赛灵思，自从其现任 CEO Victor Peng 在 2018 年上任以来，就高调宣布要将 Xilinx 进行战略转型，将数据中心作为公司的优先发展方向，并在接下来的几年中发布了诸如ACAP和Vitis等多款软硬件产品，大举进军数据中心市场。

另一方面，互联网企业也纷纷对云数据中心里的硬件加速领域展开布局。例如，微软率先将FPGA在自家的Azure云数据中心里进行了相当大规模的部署，并取得了瞩目的成就。以亚马逊为代表的很多云服务提供商则选择了另一条道路，把FPGA作为AWS实例的一部分进行推广，也同样获得了成功。

新兴领域必然有新兴技术。为了使FPGA在云端更加易用、高效和可靠，出现了很多全新的FPGA应用技术。FPGA虚拟化，就是其中最有代表性的技术之一。

本章将介绍像微软和亚马逊这样的互联网巨头通过何种方式在大型数据中心里部署和应用FPGA，以及传统的FPGA公司又是如何帮助更多用户进行云端FPGA加速的。同时，本章也将深入探讨FPGA虚拟化技术的具体细节以及未来的发展方向。

2.1　第一个吃螃蟹的人——微软Catapult项目

2014年，微软在计算机架构领域的顶级会议ISCA上发表了一篇为*A Reconfigurable Fabric for Accelerating Large-Scale Datacenter Services*的论文，对微软的一个名为Catapult的项目进行了详细介绍。在这个项目中，微软将英特尔的Stratix V系列FPGA部署到了自家数据中心的1632台服务器中，并使用FPGA对必应(Bing)搜索引擎的文件排名运算进行了硬件加速，最终得到了高达95%的吞吐量提升。

这篇文章仿佛一声惊雷，轰动了整个业界。它是第一篇真正意义上详述由互联网巨头开发并部署FPGA的专业论文，标志着FPGA第一次在互联网及软件公司的大型数据中心里得到实质性应用。这篇文章正式将微软Catapult项目引入大众的视野，并向人们传达着一个重要的信息，那就是 FPGA 已不再仅仅是硬件公司的专属产品，而是可以有效地应用于像微软这样的互联网和软件公司，并有机会部署在谷歌、亚马逊、脸书、阿里、腾讯、百度等其他互联网巨头遍布全球的成千上万台服务器中。

2.1.1 Catapult 项目的产生背景

说到 Catapult 项目，就不能不提一下它的主要负责人 Doug Burger 博士。他现任微软技术院士（Technical Fellow），并曾任微软研究院的杰出工程师（Distinguished Engineer）。在加入微软之前，Doug Burger 曾担任得克萨斯大学奥斯汀分校的计算机科学教授。当他还在高校做研究时，学术界和业界的主要发展趋势是多核心架构。当时人们普遍认为，如果可以找到编写和运行高效并行软件的方法，就能将处理器架构扩展到数千个核心。但 Doug Burger 却对此不以为然。

在 2011 年，Doug Burger 发表了一篇论文，主要讨论了所谓的“暗硅效应”，即 Dark Silicon。暗硅效应指的是，虽然我们可以不断增加处理器核心的数量，但是由于能耗的限制，并不能让它们同时工作。这就好像一栋大楼里有很多房间，但由于耗电量太大，无法同时打开每个房间的灯光，这使得这栋大楼在夜里看起来有很多黑暗的部分，“暗硅效应”也由此得名。

Doug Burger 认为，暗硅效应出现的本质原因是：在后摩尔定律时代，晶体管的能效发展已经趋于停滞。这样，即使人们开发出了并行软件，不断增加了核心数量，所带来的性能提升也会比以往要小得多。在他看来，解决暗硅效应的一个可行的手段就是采用“定制计算”，也就是为特定的工作场景与负载对硬件设计进行优化。这个概念在当时与微软不谋而合。

微软对 FPGA 在数据中心里应用的研究起源于 2010 年底。当时，微软正希望从一个基于 PC 软件的公司，逐步转型为提供各类互联网服务的企业。Doug Burger 加入微软后提出，像微软这种体量的互联网巨头不能只提供软件层面的互联网服务，还要从根本上掌控最高效的网络硬件设备。随着大数据时代的到来，包括人工智能在内的各类新应用不断涌现，网络带宽也由 1Gbps 不断增长为 10Gbps、40Gbps 直至 100Gbps 甚至更高。此时，传统的基于 CPU 的服务器和网络设备已无法满足日益增长的对计算量和网络带宽的需求。因此，寻找合适的网络加速设备势在必行。

在当时，Doug Burger 的这个想法遭到了很多微软内部人士的反对。在很多微软高管看来，微软自研网络硬件设备就好比“可口可乐宣布要做鱼翅”。幸运的是，Doug Burger 得到了陆奇的鼎力支持。陆奇当时担任必应(Bing)搜索引擎负责人，在他的推动下，Doug Burger 最终得以来到时任微软 CEO 的鲍尔默及其继任者纳德拉的面前，并向他们展示了 FPGA 在加速数据中心实际应用时的巨大潜力。图 2-1 为 Catapult 团队的成员合影。

图 2-1 Catapult 团队，右一为 Doug Burger(图片来自微软)

2.1.2 在数据中心里部署硬件加速单元的考虑因素

在持续运行的大型数据中心里，有着数以万计的服务器在日夜不停地运转。在这里部署任何额外的硬件加速设备都并非易事。此时，硬件设备带来的性能提升往往只是众多的考虑因素之一。数据中心的管理者更加看重的，是性能与增加的整体功耗和成本之间的权衡。

除此以外，这类部署还必须兼顾以下三点要求：

第一，硬件加速设备应该具备良好的灵活性和可扩展性。在实际应用中，数据中心的负载并不固定，执行的应用和任务也纷繁复杂。因此，所选用的硬件加速设备不能只针对某种单一的应用场景。对于硬件加速设备所提供的逻辑资源和加速资源来说，它们应该能够根据给定的任务场景，进行有效的动态分配，并且避免在应用场景变换时，带来硬件资源的短缺或过剩。否则，对这些硬件加速资源进行的额外管理和开销会直接反映在数据中心的运维成本上。

第二，部署的硬件加速设备必须能够保持数据中心的同构性。换句话说，选用的硬件加速器必须重复利用当前数据中心已有的软硬件结构。这其中，硬件结构包括现有的服务器、机柜、网络拓扑、供电和散热等，软件结构包括现有的各种数据中心管理、监控、资源分配软件等。这一点也和数据中心的开发和运维成本紧密相关。当前，没有公司会为了硬件加速单元而直接放弃早已部署运行的数据中心基础设施，因此在设计硬件加速单元时，不应该首先考虑对现有的数据中心结构和布局进行修改。

第三，硬件加速器要有一定程度的容错性。其实，数据中心在部署和运行时，会考虑保留一定的冗余度，这样即便部分服务器发生故障，也不会影响数据中心整体性能的稳定。但是，由于在大型数据中心内部的各类硬件数量极大，很难靠人力对这些硬件进行维护。因此,需要硬件加速器有一定程度的容错性,并且当故障发生时能够对其进行定位、调试和分析。

2.1.3 几类硬件加速模块的对比

一般来说,硬件加速单元可以在 FPGA、GPU,以及 ASIC 之间进行考虑。结合上面提出的各项评价因素,将这三类硬件加速单元与 CPU 在性能、灵活性、同构性、成本和功耗五个方面进行定性的比较和分析。

在这五个指标中,“性能”指的是采用某种硬件加速单元带来的系统性能的提升;“灵活性”指这种硬件加速器对不同应用场景的适应程度;“同构性”反映了硬件加速器能否直接用于现有数据中心,并重复利用已有的基础设施架构和软硬件资源,而不用对数据中心进行重新设计;“成本”既包括对该硬件加速器的研发投入,也包含了它的采购、部署和运维开支;“功耗”是指引入该硬件加速器后,对数据中心带来的额外功耗负担。

1. CPU

CPU 的性能指标矩阵如图 2-2 所示。CPU 一直是传统数据中心里的主力计算单元,在部署时只需要线性地扩展机柜、网络连接、供电等,不需要改变数据中心的设计架构,因此有着很高的同构性。作为通用处理器,CPU 可以应对和处理任何数据中心的应用,因此拥有极高的灵活性。但是,相比 ASIC 和 FPGA 等硬件计算模块,CPU 的功耗水平比较高,这也是由它极高的通用性和灵活性决定的。在性能方面,CPU 并非针对计算加速而设计,因此它能提供的算力也无法与 GPU、ASIC 或 FPGA 相比。同时,对于目前的很多高性能多核 CPU 而言,其开发部署和运维的成本也比较可观。

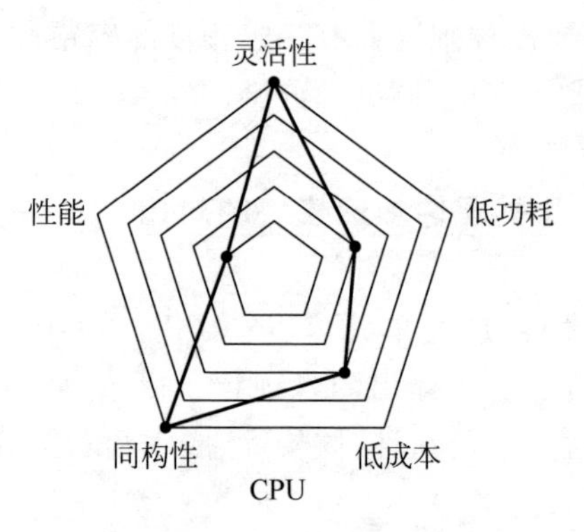

图 2-2 CPU 的各项性能指标

2. GPU

GPU 的性能指标矩阵如图 2-3 所示。作为一个当前很流行的研究领域，很多研究人员一直在尝试使用 GPU（通常也指通用 GPU，即 GPGPU）作为数据中心的硬件加速器。与 CPU 相比，GPU 最大的特点就是运算性能有了质的提升，尤其是对于计算密集型应用，例如人工神经网络、大数据分析、数学建模、模拟回归等，GPU 性能通常比 CPU 要高几个量级。

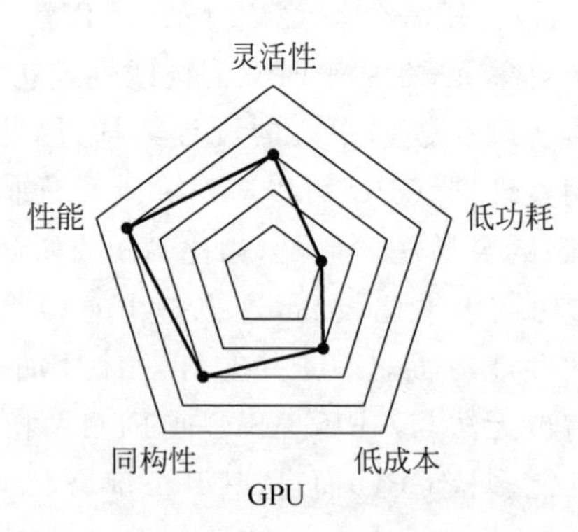

图 2-3 GPU 的各项性能指标

但除此以外，GPU 在其他几个性能指标上的表现就不尽如人意。GPU 最大的问题是它基本上是个“功耗黑洞”，中等性能的 GPU 功耗都普遍超过 200W，如果使用高性能 GPU，这个数字会超过 300W。相比于 FPGA 或 ASIC 的几十瓦甚至几瓦的功耗而言，这个数字显得过于惊人。高功耗对于 GPU 在数据中心里的大规模部署是致命的，因为这不仅代表着高昂的电费开支，还意味着数据中心现有的供电、散热等硬件架构需要进行重新修改，这势必会影响 GPU 在同构性和低成本这两项要求上的评分。

在灵活性方面，GPU 通常更适用于计算密集型运算，对于通信密集型的应用来说，GPU 需要借助 CPU 和网卡组成一个完整的通信系统，从而与其他设备进行通信，因此对于这类应用，GPU 的灵活性会受到较大限制，部署成本也会随之上升。

3. ASIC（专用集成电路）

ASIC 的性能指标矩阵如图 2-4 所示。近年来，也有公司开始尝试自行研发专用硬件加速器，并在自家的数据中心里批量部署。这些硬件加速器通常针对某些特定应用开发，以专用芯片（ASIC）的方式进行部署。这其中，谷歌的张量处理器 TPU（Tensor Processing Unit）就是典型的例子。TPU 专为谷歌的深度学习框架 TensorFlow 设计，用来加速神经网络训练后的分析决策。ASIC 最主要的优势是它的超高性能和超低功耗。例如，TPU 的性能比 GPU 高一个量级，而功耗则比 GPU 低一到两个量级。

不过，为了得到这样高性能和低功耗的专用芯片，需要付出巨大的研发成本。与软件开发不同，芯片的开发需要大量的人力物力投入，开发周期往往长达数年，而且失败的风险极大。放眼全球，同时拥有雄厚的资金实力和技术储备以进行这类研发的公司，大概用两只手就能数得出来，这种方案对于大多数公司而言并没有直接的借鉴意义。

除此之外，ASIC 的另外一个缺点就是它的低灵活性。顾名思

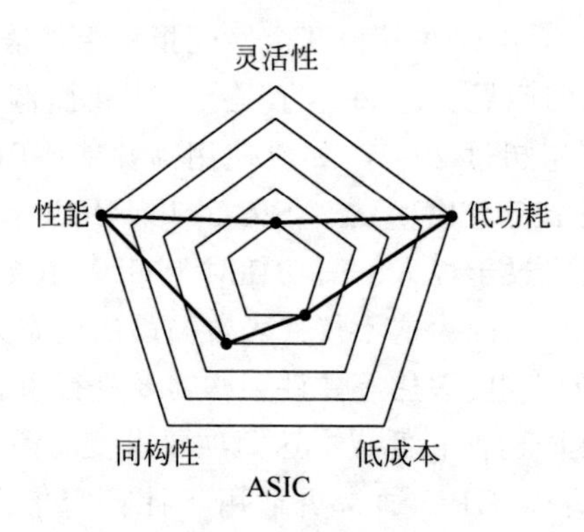

图 2-4　ASIC 的各项性能指标

义，专用芯片通常是针对某种特定应用而生，因此它无法或很难适用于其他的应用。在使用成本的角度，如果要采用基于 ASIC 的方案，就需要这类目标应用有足够的使用量，以分摊高昂的研发费用。同时，这类应用需要足够稳定，避免核心的算法和协议不断变化，而这对于诸如 AI、5G 等快速发展的行业也很难做到。综上，领域专用的硬件加速芯片在短时间内很难成为在数据中心里大规模部署的主流选择。

4. FPGA

FPGA 的性能指标矩阵如图 2-5 所示。总体来说，FPGA 能够在各项性能指标中达到比较理想的平衡。在性能方面，FPGA 可以实现定制化的硬件流水线，并且可以在硬件层面进行大规模的并行运算。因此，虽然它的绝对性能不如 GPU 或 ASIC，但相比 CPU 的话还是有着至少一到两个量级的性能跃升。FPGA 具有硬件可编程的特点，这使得它可以应对包括计算密集型和通信密集型在内的各类应用。此外，FPGA 独有的动态可编程、部分可编程的特点，使其可以跨空间和时间两个维度，同时处理多个应用，或在不同时刻处理不同应用，因此灵活性很强。

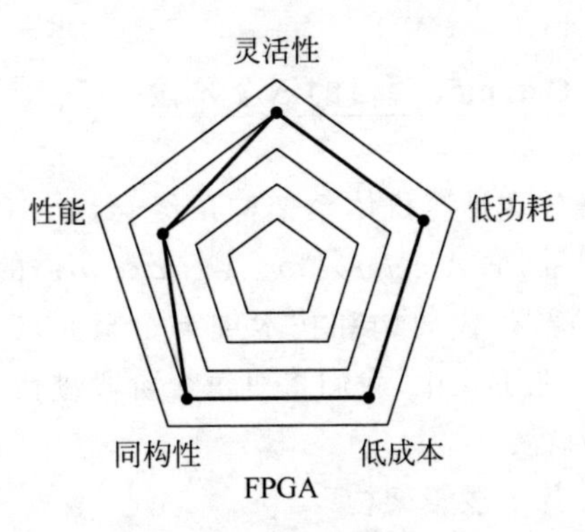

图 2-5　FPGA 的性能指标

功耗和成本方面，FPGA 的功耗通常为几十瓦，运维成本远低于 GPU。FPGA 的开发成本主要包括购买特定的 FPGA 设计套件和调试软件、采购 FPGA 芯片或加速卡，以及组建团队进行或外包 FPGA 开发项目等投入。虽不及 CPU 或 GPU 等基于软件的开发方式，但由于省去了芯片流片的相关环节，因此研发成本远低于开发专用芯片。

在部署方面，FPGA 目前通常以加速卡的形式配合现有的通用处理器进行大规模部署，对额外的供电和冷却等环节大都没有特殊要求，因此可以兼容数据中心的现有硬件基础设施。在实际部署时，可能会需要进行额外的软件开发，例如驱动、配置软件，以及 FPGA 虚拟化相关的软件框架和接口等，但并不需要大量修改已有的数据中心软件架构以迎合 FPGA 的特殊功能。

综上，相比其他硬件加速单元而言，FPGA 在性能、灵活性、同构性、成本和功耗五个方面达到了比较理想的平衡，这也是微软最终选用 FPGA 进行数据中心应用加速的主要原因。在本节接下来的部分，将详细介绍 Catapult 项目的几个阶段，以及不同阶段所取得的成果和启示。

2.1.4 Catapult 项目的三个阶段

2016 年，微软在计算机体系架构顶级会议 MICRO 上发表了名为 *A Cloud-Scale Acceleration Architecture* 的论文，介绍了 Catapult 项目的新一代架构和技术细节。至此，Catapult 项目已经历三个阶段。在下文中，我们将对每个阶段进行详细讨论，特别包含以下几点内容：

(1) FPGA 片上逻辑架构；

(2) FPGA 加速卡结构，以及与其他硬件资源的互连方式；

(3) 多 FPGA 之间的资源分配、调度方式与网络拓扑；

(4) 主要性能指标。

1. 第一阶段

在 Catapult 项目最初期，团队采用了单板多 FPGA 的方案，每块加速卡上集成了 6 片赛灵思的 Virtix-6 系列 FPGA，各 FPGA 之间通过自身的通用 I/O 端口相连和通信，如图 2-6 所示。

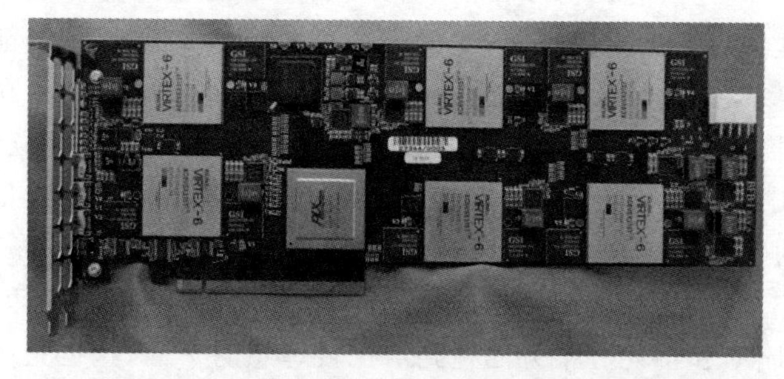

图 2-6 Catapult 第一阶段的 FPGA 板卡(图片来自微软)

然而，这种大型的加速卡在实际部署时遇到了很多问题。首先，这种方案的灵活性极差。例如，如果某种大型应用需要多于 6 片 FPGA，则无法用该方案实现。从图中可以看到，这个加速卡除 PCIe 接口外，没有任何网络接口，因此板卡之间的通信带宽势必会受到很大限制。这样基本无法将单一应用映射在多块板卡上，同样的，如果一个应用只需要少量 FPGA，甚至只需要单一 FPGA 的一部分，板卡的 FPGA 资源就相当于被浪费了。

其次，这个方案的同构性极差。由于功耗、供电和尺寸限制，这种大型板卡很难直接部署在数据中心的高密度服务器上。如果要部署这个板卡，需要采购和配置额外的服务器，或者重新设计整个数据中心服务器集群的硬件架构。这显然是本末倒置、不切实际的。

最后，这个方案的稳定性也无法满足部署要求。对于这种大型板卡，任何元件发生故障都有可能造成整个板卡的失效，继而可能导致相关服务器和应用出现故障。这是数据中心运行过程中不允许出现的。

Catapult 项目的第一个阶段更像是原型验证，其主要目的并非立刻进行商业化部署，而是利用这个阶段对 FPGA 作为数据中心硬件加速器的功能进行实验。鉴于上述的这些主要问题，项目团队对 FPGA 系统架构进行了较大的改动，项目也由此进入到下一个阶段。

2. 第二阶段

Catapult 项目第二阶段的主要工作发表在 2014 年的 ISCA 会议上，这也是 Catapult 项目的首个代表性成果。正是这个阶段的工作，引发了业界对这个项目的强烈关注。与前一阶段的工作相比，第二阶段仍然采用了 FPGA 加速卡的实现形式。不同之处在于，加速卡的架构从单板多 FPGA，变成了单板单 FPGA 的结构，如图 2-7 所示。

在每个第二代加速卡中，都使用了一枚 Altera 公司（当时还未被英特尔收购）的 Stratix V 系列 FPGA 芯片。这个 FPGA 是当时 Altera 公司的高端 FPGA 器件，其中包含了 17.2 万个可编

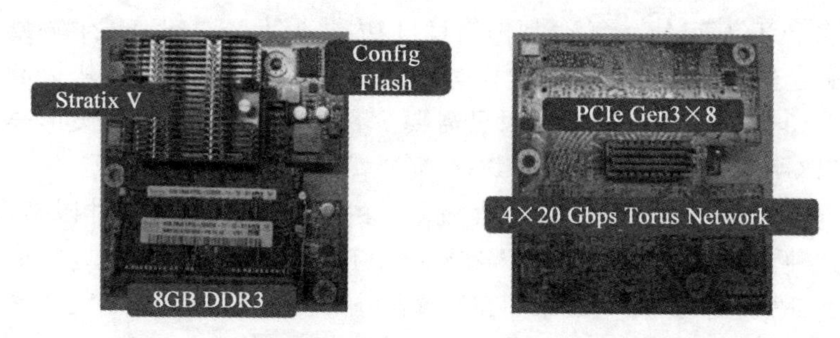

图 2-7　Catapult 第二阶段的 FPGA 板卡(图片来自微软)

程逻辑单元,2014 个 M20K 片上存储单元,同时还有 1590 个硬核 DSP 单元。板卡上整合了 8GB DDR3 内存,接口方面则是一个 PCIe Gen3×8 接口,以及两个 SFF-8088 SAS 端口,可以实现 FPGA 之间高达 20Gbps 的通信带宽。网络拓扑方面,第二代 Catapult 架构将 48 个加速卡通过 SFF-8088 SAS 端口组成了一个 6×8 的二维 Torus 网络。其中,每台服务器安装一块加速卡,并通过 PCIe 对加速卡供电,也并没有安装额外的制冷系统,如图 2-8 所示(右下角圆圈处即为加速卡位置)。

图 2-8　Catapult 板卡在服务器中的位置(右下角圆圈处)(图片来自微软)

第二代 FPGA 架构的主要特点是使用了名为"Shell & Role"的系统结构,如图 2-9 所示。其中,Shell 包含了通用的系统基础架构和 IP,例如内存控制器、PCIe、DMA 模块、各种 I/O 接口和控制器等。Role 本质为可重构区域,提供了与 Shell 相连的标准化接口,用来实现各类用户应用。

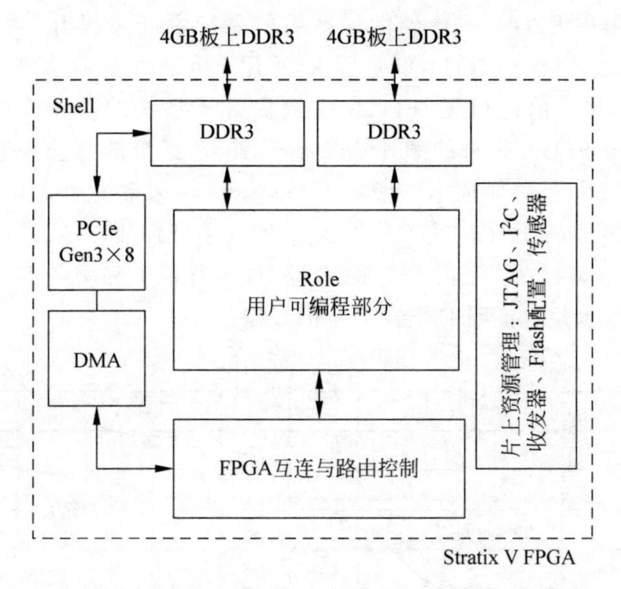

图 2-9 Catapult FPGA 采用的“Shell & Role”架构

在软件方面，Catapult 对数据中心软件和服务器软件分别进行了修改，加入了名为 Mapping Manager 和 Health Manager 的模块，前者用来根据给定的应用对 FPGA 进行配置，后者用来管理和监测 FPGA 和其他服务的正常运行。

Catapult 项目第二阶段的最主要工作之一，是将必应(Bing)搜索引擎中原先超过 3 万行 C++代码的文件排名运算，卸载到了 FPGA 上进行硬件加速，并得到了惊人的结果。由于单个 FPGA 上的资源限制，整个文件排名运算算法被映射到 8 块 FPGA 上分别实现，并且总共部署了 1632 台服务器进行并行运算。

图 2-10 总结了这项工作最具代表性的结果，即使用 FPGA 后与纯软件方案的对比。其中，坐标横轴代表系统延时，纵轴代表吞吐量。由于纯软件方案已经经过了深度优化，因此这个比较结果具有极高的说服力。

这个结果可以从两个方面解读：第一，在系统延时相同的情况下，采用FPGA进行硬件加速后的系统吞吐量提升了接近一倍；第二，对于相同的吞吐量要求，采用FPGA加速后系统延时会下降29%。由此可见，FPGA大幅提升了系统的整体性能。此外，每个FPGA带来的额外功耗小于25W，系统的总功耗增加了不到10%，且总体成本的增加不超过30%。在稳定性方面，只有在部署初期发现了7块FPGA板卡发生了硬件故障，占总板卡数量的0.4%。在之后几个月的运行中，所有板卡和服务器都稳定运转，这也足以证明FPGA系统的稳定性。

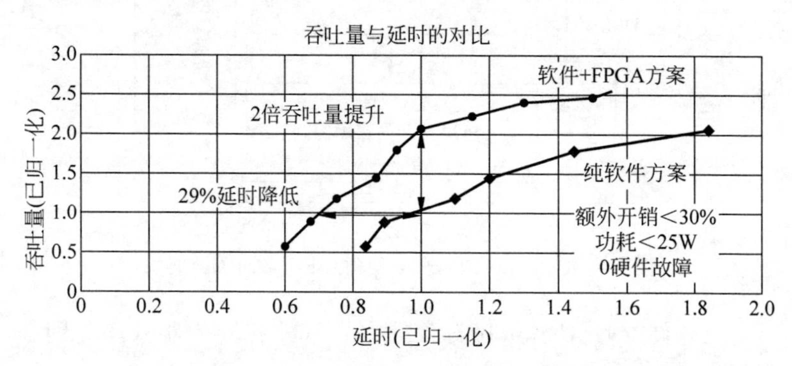

图2-10　Catapult项目取得的性能提升

3. 第三阶段

在Catapult项目的第二阶段中，采用了FPGA对必应搜索引擎的文档排名算法进行了硬件加速，取得了2倍于纯软件方案的性能提升。但是，这个方案仍有一些突出的缺点和问题需要进一步改进。其中最主要的问题在于，为了实现FPGA之间的低延时通信，第二阶段的Catapult方案引入了一个6×8的二维Torus网络。相比于数据中心网络常见的TOR交换机直连CPU的结构，这个Torus网络相当于额外增加了一个二层网络，而这会在扩展性和同构性方面带来了诸多问题。

例如，在这个新引入的Torus网络拓扑里，FPGA的互连需要通过两类特殊定制的线缆，如图 2-11 所示。其中，左边的线缆连接 8 个 FPGA，右边的线缆连接 6 个 FPGA。这种连接方式不但成本高昂，而且需要知道机柜里 FPGA 的确切物理位置，以实现正确的拓扑连接。这非常不利于系统的扩容和维护。

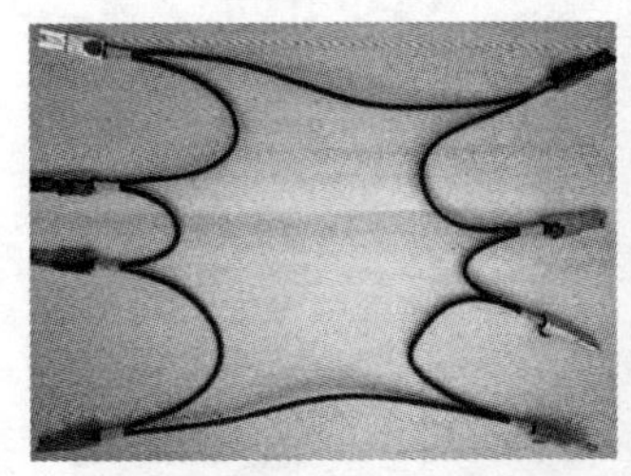
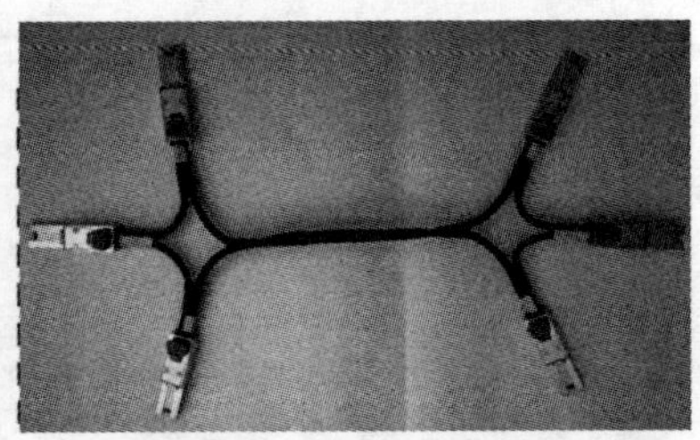

图 2-11 FPGA 互连网络的连线方式与线缆(图片来自微软)

在 Torus 网络内，有共计 48 个 FPGA。虽然它们彼此通信时具有很高的速度，但如果不同的 Torus 网络里的 FPGA 需要相互通信，则需要复杂的路由，并随之带来相当大的通信延时和性能损失。这对于某些应用来说是不可接受的。

还应注意的是，这个方案中的 FPGA 只能用来作为特定应用的硬件加速器。对于数据中心的常用网络功能，如数据包加解密、流量控制、虚拟化等基础设施结构和应用来说，FPGA 并没有任何帮助和补强的作用。

为了解决上述问题，微软在 2016 年发表了 Catapult 项目第三阶段的工作。这个阶段最主要的贡献，就是取消了 FPGA 互连的第二级网络，并直接将 FPGA 与数据中心网络进行连接，如图 2-12 所示。

可以看到，新一代的 FPGA 加速卡仍然采用了英特尔的 Stratix V 系列 FPGA，板卡上的网络接口升级为两个 40Gbps 的 QSFP 端口。FPGA 加速卡位于服务器和数据中心网络之间，一个网口连接 TOR 交换机，另外一个网口与服务器的网卡相连。和上一个版本相同，CPU 可以通过 PCIe Gen3 ×8 总线访问

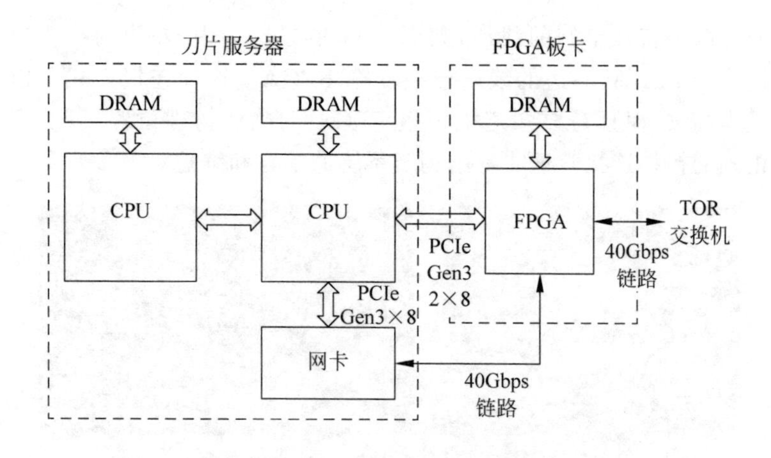

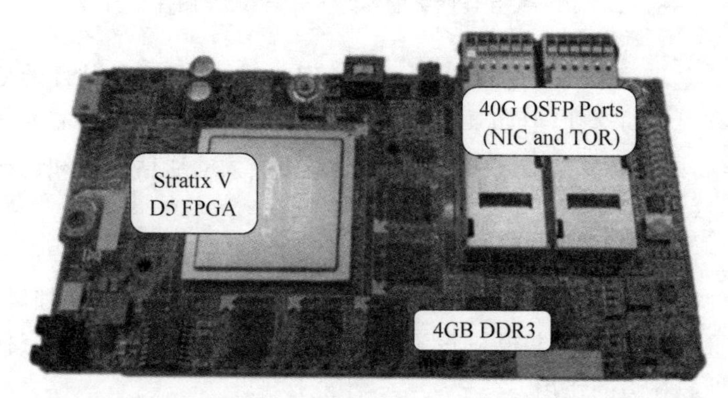

图 2-12　Catapult 第三阶段的 FPGA 加速卡和系统框图

FPGA，并使用 FPGA 为各类计算任务进行硬件加速运算。除此之外，新版本的硬件布局还带来了以下几点好处：

第一，可以使用 FPGA 加速数据中心的各类网络功能和存储功能。在这个版本的硬件设计中，FPGA 直接通过网络接口与数据中心网络相连，而不需要经过原来的第二层 Torus 网络，这样极大地扩展了系统的灵活性。例如，FPGA 可以作为智能网卡的处理单元，用来卸载原本在 CPU 上实现的很多数据中心网络功能，例如前文提到的数据加解密、流量控制、服务质量控制等。这样一来，很多网络流量可以直接在 FPGA 里进行处理，而无须再消耗 CPU 的计算资源。这样做的好处是一方面提高了网络流量的处理速度和效率，另一方面释放了宝贵的 CPU 内核资源，这些被释放的 CPU 资源可以再进行其他任务的部署，或者用来实现其他的用户应用。

第二，新版本 Catapult 板卡的优点是，FPGA 不再与 CPU 在地理位置上紧密耦合。在这个版本中，FPGA 之间可以通过网络进行互连和通信，这使得 CPU 可以控制和使用“远程”的 FPGA。换句话说，如果 CPU 不需要服务器内的 FPGA 进行硬件加速，闲置的 FPGA 可以组成资源池，供有需要的 CPU 调用，这就打破了 FPGA 部署的地域限制。值得注意的是，为了实现 FPGA 的远程使用，需要定义和实现新的通信协议。微软在这里提出了名为 LTL(Lightweight Transport Layer)的协议，我们接下来会讲到。在这个阶段的工作中，微软在自家数据中心的 5670 个服务器里部署了新一代的 FPGA 加速卡，在地域范围上遍布全球五大洲的 15 个国家，这也使得微软一跃成为了世界上最大的 FPGA 客户之一。

第三代 Catapult FPGA 架构延续了前一代的 Shell & Role 结构，并增加了一些新的功能，如图 2-13 所示。首先，增加了 40Gbps 网络数据处理流水线，包括两个 40Gbps MAC/PHY 以及数据包处理逻辑。另外，使用 FPGA 上的硬件逻辑实现了前文提到的 LTL 协议，用来完成 FPGA 之间的通信。

第三，引入了名为 Elastic Router 的模块，主要用来控制多个用户可配置区域(Role)与外界网络的通信。为了实现对池化 FPGA 资源的统一管理和分配，微软还提出了一种硬件即服务(Hardware as a Service，HaaS)的使用模型，这个模型也成为了 FPGA 虚拟化的代表性技术之一。

至此，Catapult 项目的第三代 FPGA 加速卡被正式部署在微软的 Azure 云数据中心，并对必应搜索引擎的页面排序算法进行

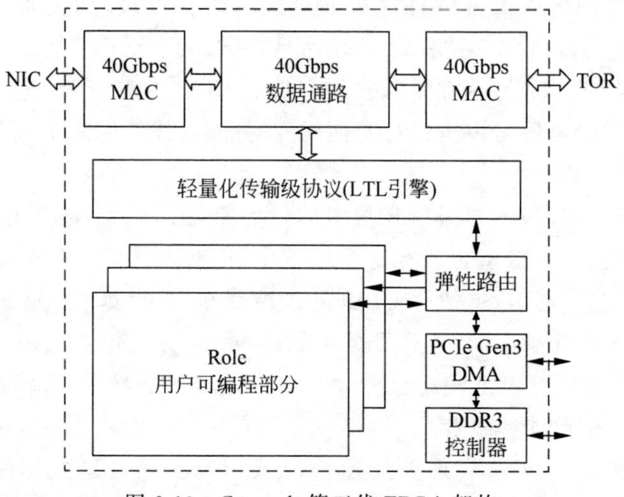

图 2-13　Catapult 第三代 FPGA 架构

了 FPGA 加速。对于给定的延时要求，相比于深度优化后的软件实现（实线），FPGA（虚线）可以轻松达到 2.25 倍的吞吐量提升，如图 2-14 所示。

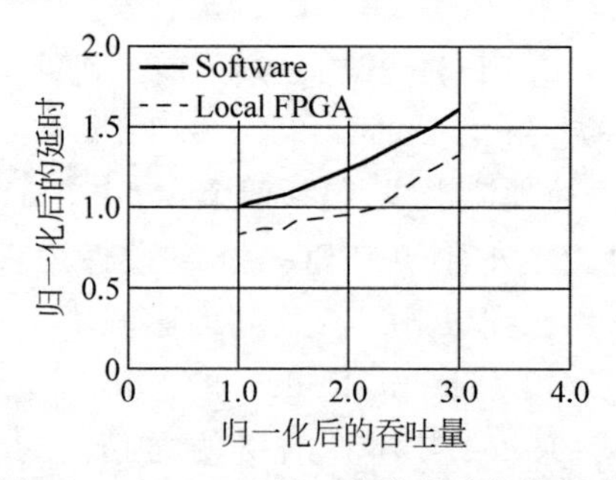

图 2-14　Catapult 第三代取得的性能提升

同时，微软还对比测试了使用远程 FPGA 获得的结果，如图 2-15 所示。可以看到，使用远程 FPGA（Remote FPGA）与使用本地 FPGA（虚线所示）相比，并没有明显的性能差异。这证明了

LTL 协议与 HaaS 使用模型的有效性。

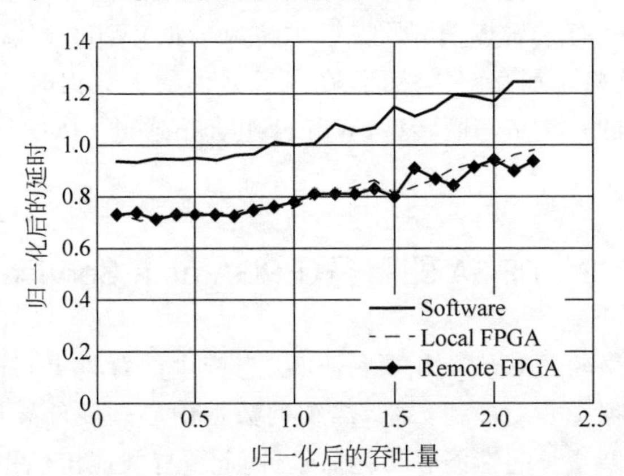

图 2-15 Catapult 第三阶段远程 FPGA 与本地 FPGA 的性能对比

Catapult 第三阶段的工作很好地解决了 FPGA 在大型数据中心里部署的灵活性和扩展性问题,为今后 FPGA 的大规模部署打下了坚实的基础。在 2017 年,微软推出了一款基于 FPGA 的深度学习加速平台,名为“脑波(Brainwave)”项目。脑波项目代表着 FPGA 在数据中心里的应用正式扩展到人工智能领域。关于脑波项目的具体内容,我们将在下一章详细探讨。

2.1.5 微软 Catapult 项目小结

微软的 Catapult 项目可以称作是 FPGA 在大型商业数据中心里进行大规模部署和使用的开山之作,直至目前仍然是这个领域最具代表性的工作之一。与学术界的相关研究有所不同的是,Catapult 兼顾了学术创新和工程的实用性,这对于业界其他的公司更具有直接的借鉴意义。另外,在结果方面,微软使用了自家已经深度优化的纯软件方案作为对比,使得 FPGA 取得的显著性能提升有着更高的可信度和说服力。

有趣的是,除了项目初期的原型验证外,微软均采用了英特尔

(原 Altera)的 FPGA 芯片,微软也一跃成为英特尔 FPGA 的最大客户之一。有人曾断言,那些年叱咤风云的"Wintel"联盟,在后 PC 时代终将土崩瓦解。然而,在风起云涌的大数据时代,伴随着两家公司的一步步华丽转型,Wintel 组合正通过 FPGA 再一次获得新生。

2.2 FPGA 即服务(FPGA as a Service)

对于微软的 Catapult 项目来说,它产生的背景更多的是伴随着自身数据中心发展和扩张,传统的数据中心软硬件架构已经无法满足不断增长的性能和功耗需求,因此要寻找能出色平衡性能、功耗、成本、灵活性等多个方面的硬件加速器,以应对人工智能与大数据时代的全新应用场景和业务模式。在这里,FPGA 的主要客户是微软内部的各个部门,例如必应搜索以及之后的深度学习团队等。事实上,FPGA 进入数据中心的方式并非只有这一种,以亚马逊为代表的云服务提供商就拓展了另外一种模式,名为"FPGA 即服务(FPGA as a Service,FaaS)"。

2.2.1 亚马逊 AWS-F1 实例:FPGA 云服务的首次尝试

与 Catapult 项目在微软的私有云中"自产自销"的使用模式不同,FaaS 的主要特点是将 FPGA 作为公有云基础设施的一部分,向用户提供基于 FPGA 的云服务。首创这一使用模式的,则是亚马逊的云服务部门 AWS(Amazon Web Services)。事实上,FPGA 并非亚马逊在云服务里采用的首个硬件加速器。在此之前,AWS 已经推出了基于 GPU 的 P2 实例。每个 P2 实例集成了高达 16 个英伟达 GK210 系列 GPU,能够提供 70TFLOPS 的单精度浮点运算能力,以及超过 23TFLOPS 的双精度浮点运算能力,主要用来进行深度神经网络的训练加速,以及其他包括工程模拟、大数据分析与建模等应用。

在 2017 年的 HotChips 大会上，AWS 做了名为 *FPGA Accelerated Computing Using AWS F1 Instances* 的大会报告，正式公布了旗下首个基于 FPGA 的云计算加速实例 AWS-F1。这标志着 FPGA 进入了公有云数据中心，并且和 GPU 一样作为公有云的硬件加速服务推向市场，供广大云计算开发者使用。

在构建和提供 FPGA 云服务时，FPGA 开发的便利程度和易用性至关重要。对于像微软这样的 FPGA 大客户，FPGA 厂商必定会使出浑身解数努力争取，包括公司高层专门关注项目进展，组织强大的开发团队帮助 FPGA 的开发，有专门的工程师对出现的各种问题提供技术支持，同时也有庞大的市场和销售队伍进行沟通和配合。

然而，与 FPGA 在私有云中的应用不同，在 AWS-F1 实例中 FPGA 的主要用户是公有云的广大开发者。他们很可能并没有足够的研发实力和深厚的资本，与 FPGA 厂家也并没有紧密的合作关系，很多时候都无法获得来自厂商的直接技术支持。因此，这就需要在 FPGA 云服务里提供完整的开发、调试、部署、维护的基础设施架构，并兼顾 FPGA 开发和使用时的便利性。正如各类软件开发社区那样，通过构建一个由 FPGA 开发者组成的活跃社区，可以起到群策群力，互相取长补短的效果。

具体到这个云端 FPGA 的开发平台来说，它至少需要满足以下两点要求：一方面，平台需要将底层 FPGA 的逻辑资源抽象化，使用户不用花太多精力去考虑常用 IP 和接口的实现细节；另一方面，平台需要提供完整的 FPGA 软硬件开发工具，以便在云端实现全部的 FPGA 开发流程。

综上，可以总结出 AWS 使用 FPGA 作为计算加速服务的主要意义，具体有以下四点：

(1) 将 FPGA 作为标准的 AWS 实例，提供给广大的开发人员社区和 AWS 数以百万计的终端用户。

（2）通过提供基于云端的标准化 FPGA 开发工具，简化整个 FPGA 的开发流程。

（3）通过使用统一定义的 FPGA 逻辑接口，抽象 FPGA 的物理接口，从而使得开发者专注于自己的算法设计和实现。

（4）为各种 FPGA 设计和 IP 提供一个统一的应用市场和交易平台，为所有 AWS 用户提供更多的选择和更加方便的使用。

2.2.2 AWS FPGA 云服务的技术概述

AWS-F1 的系统架构框图如图 2-16 所示。可以看到，在一个完整的 F1 实例中，除了 FPGA 之外还有两个主要的组成部分：AMI 和 AFI。AMI 全称为 Amazon Machine Image，本质为操作系统的映像，同时包含了全套 FPGA 软硬件开发和仿真调试工具。AFI 全称为 Amazon FPGA Image，它的本质是 FPGA 的比特流配置文件，也称作 FPGA 的映像文件，它将被用来直接烧录到 F1 实例的 FPGA 上运行。AFI 可以由 AWS 提供，或由第三方用户开发完成。同时，本实例最终生成的比特流配置文件也称为 AFI，它将直接烧录到 F1 实例的 FPGA 上运行。

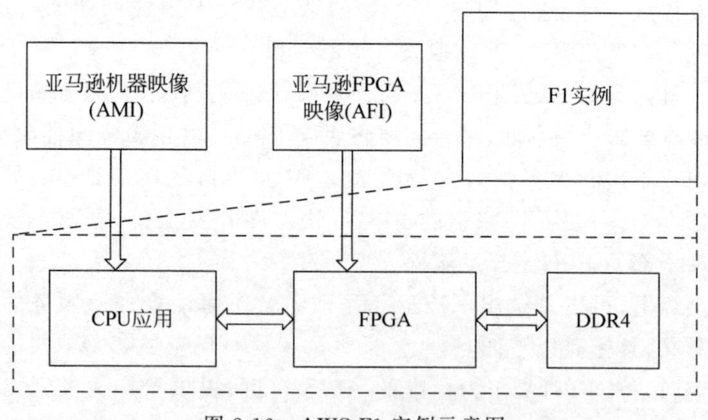

图 2-16　AWS-F1 实例示意图

F1 实例目前采用了赛灵思公司的 16nm UltraScale+ FPGA 器件，每个实例有两种模式，可以包含 1 个或 8 个 FPGA 器件，分别支持 4×16GB 和 32×16GB 的 DDR4 内存，以及 10Gbps 和 25Gbps 的网络通信带宽。

F1 实例也提供了一个 FPGA 的底层逻辑设计，这个结构类似于微软 Catapult 项目里的 Shell & Role 结构，即将 FPGA 划分成 I/O 接口和用户可编程逻辑两个部分。这样用户只需专注于自身的算法和应用开发，而无须关心太多外部通信逻辑的实现细节。

F1 实例的开发流程与普通的 FPGA 开发并无本质区别，开发者使用 Vivado 工具进行综合、布局布线、时序优化以及仿真调试等步骤，只不过这些步骤都需要借助 AWS 提供的 AMI 环境完成。开发完成后，生成的 FPGA 映像文件（AFI）可以直接下载到 FPGA 上运行，同时也可以放到 AWS 的应用市场供其他开发者使用。目前，很多 FPGA 初创公司都在 AWS 应用市场发布了自己的 AFI，例如我国的深鉴科技（目前已被赛灵思收购）的语音识别引擎，英国 Maxeler 公司的金融计算加速应用，美国 Falcon Computing 公司的基因检测加速引擎，以及加拿大 LegUp 公司的网络功能加速应用等。国外的很多高校，如加利福尼亚大学洛杉矶分校（University of Culifornia，Los Angeles，UCLA）等，也将 AWS-F1 实例作为 FPGA 设计课程和实验的主要平台。这也省去了每个学校单独搭建 FPGA 实验设施的烦琐过程，而且还能充分利用最先进的 FPGA 开发工具、器件和流程，让学生专注于创新设计本身。

2.2.3 其他公有云提供商的 FPGA 加速服务

亚马逊 AWS 为 FPGA 的数据中心应用提供了一个全新的应用模式：FPGA 即服务，这使得广大公有云的用户和开发者可以相对方便地使用和开发 FPGA，也为 FPGA 开发者提供了一个完善的 FPGA 应用市场，供大家互通有无。

与此同时，国内的很多云服务提供商也开始积极布局公有云的 FPGA 服务。例如，阿里云至今发布了三款基于 FPGA 的云计算加速实例，其中 2018 年发布的 FPGA 计算实例 F3 搭载了赛灵思的 Virtex UltraScale+ FPGA 器件，而之前发布的 F1 则使用了英特尔的 FPGA 器件和开发套件。腾讯云也推出了基于赛灵思 Kintex UltraScale FPGA 的云服务，并将今后推出基于英特尔 FPGA 的计算实例。华为云也有基于赛灵思器件的 FPGA 加速云服务器，其正在被推向市场。

可以说，目前国内的互联网巨头企业都纷纷进入 FPGA 云服务领域。随着竞争的不断升级，作为使用者的我们肯定会不断享受到技术进步带来的红利，这也会不断促进 FPGA 技术的发展和整体生态环境的完善。同时，如何进一步差异化竞争，像微软和亚马逊一样走出一条与众不同的技术道路，会是各家公司以及一众初创公司将要努力思考的问题。

2.3 下一代电信网络：SDN、NFV 与 FPGA

除了像微软 Azure 和亚马逊 AWS 这样的云数据中心之外，电信网络提供商也在使用 FPGA 对自身数据中心的网络架构进行转型。这个转型背后的主要推动力，就是当前正在蓬勃发展的网络功能虚拟化（Network Function Virtualization，NFV）和软件定义网络（Software Defined Network，SDN）这两项技术。

2.3.1 网络功能虚拟化（NFV）与软件定义网络（SDN）的意义

据预测，五年后全球的网络流量将较今日增长超过 3 倍。在万物互连的今天，尤其是 5G、物联网、自动驾驶等技术已经成为各大科技公司争夺的焦点之时，各种设备和服务都需要电信网络及其数据中心进行处理和支持。然而，电信基础架构和数据中心按传统的方法很难进行有效的扩展，其主要原因有硬件和软件两个方面的考量。

在硬件层面，传统电信网络基础架构使用的是各类专用硬件设备，例如各种接入设备、交换机、路由器、防火墙、QoS 等。虽然这些专用设备能提供高性能和高稳定性，但随着数据规模的快速增长，使用专用设备所带来的问题也随之浮上水面，例如不同设备之间的兼容性差，维护升级困难，供应商垄断资源从而大幅提高成本，若需要加入新功能则要开发新硬件设备等。

在软件层面，不同设备都需要各自对应的软件进行配置和控制。对于来自不同供应商和规格的设备，还需要对这些不同的软件和配置方法进行整合，因此，使用这样的方法难以在系统层面进行大范围统一部署和配置。另一方面，如果某些网络功能通过纯软件的方法实现，则传统的实现方法也有着诸多问题，例如对服务器的有效利用率很低，且无法进行服务的动态迁移等。

因此，虚拟化技术，特别是网络功能虚拟化(NFV)技术，逐渐成为各大运营商解决上述问题的有效途径。NFV 出现的最直接的动因之一，就是为了支持指数级的带宽增长。在 NFV 领域，欧洲电信标准协会(ETSI)做了大量的标准化工作，它发布的 NFV 概念示意图如图 2-17 所示。

可以看到，和传统方法相比，NFV 利用了通用的服务器、通用的存储设备，以及通用的高速以太网交换机，以实现传统电信网络基础架构中的各种网络功能。具体而言，就是将网络功能在通用服务器中用软件实现，数据使用通用的存储设备存储，网络流量通过通用的网卡和高速交换机进行转发。这样理论上能很好地解决上述硬件层面的问题：使用通用设备而非专用设备，提高了数据中心的弹性扩展能力。在成本上，不会受某个供应商的制约，反而会通过开放竞争减少硬件采购和部署的成本。

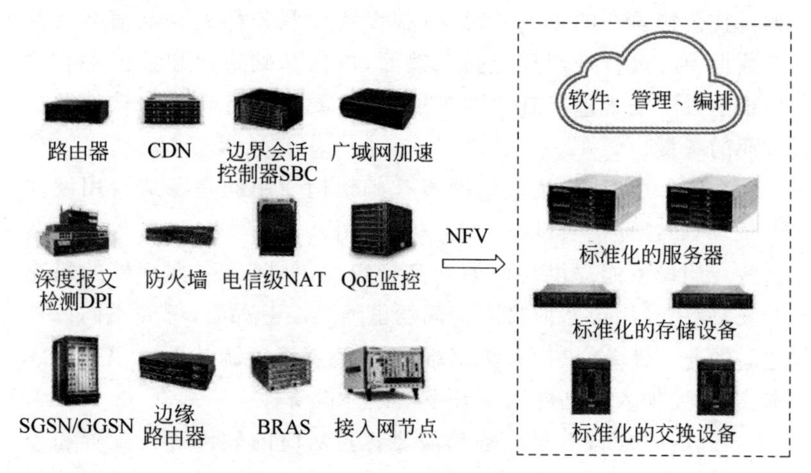

图 2-17　NFV 概念示意图

另外，借助虚拟化技术，将网络功能在不同虚拟机中实现，这样在理论上就能解决软件层面的问题：即某个特定应用不会占用服务器的全部资源；反之，一个服务器可以同时运行多个虚拟机或网络服务。同时，虚拟机在数据中心的扩展和迁移也更加方便，不会造成服务下线或中断。

NFV 和软件定义网络（SDN）经常一起出现。它们的核心思想就是将网络的控制面和转发面进行分离。这样，所有的数据转发面设备都可以同时被控制、配置、管理，从而避免了系统管理员需要分别配置每个网络设备的低效情形。

2016 年，中国电信宣布将启动为期十年的网络智能化重构，并发布了《中国电信 CTNet2025 网络架构白皮书》。在这部白皮书中写道：

“从更好地适应互联网应用的角度出发，未来网络架构必须要求网络能力接口的开放和标准化，通过软件定义网络技术，能够实现面向业务提供网络资源和能力的调度和定制化，同时为进一步加速网络能力的平台化,还需要提供网络可编程的能力,真正实现网络业务的深度开放。”

由此可见,在未来的电信网络中,SDN 将会是重要的发展方向,这也将引领现有的电信网络架构进行重构和转型。对于中国电信而言,这场技术转型和智能化重构将于 2025 年之前全部完成。

2.3.2 使用 FPGA 加速虚拟网络功能的实现

SDN 和 NFV 已经在引领电信网络智慧转型的大潮,但在实际工程实践中,设计实现有效的 SDN 和 NFV 架构仍然面临着很多问题和挑战。例如,在不同的应用场景中,网络负载的种类五花八门,而很多应用都需要进行线速的处理,如 QoS(Quality of Service,服务质量)、流量整形、VPN、防火墙、网络地址转换、加密解密、实时监控、深度包检测(DPI)等。然而,用软件实现的网络功能在性能上很难和专有硬件相比,即便有像 DPDK 这样的网络专用的软件开发库,目前单纯使用软件实现这些网络服务的线速处理,在技术上仍然存在很大困难。这样一来,人们会反过来质疑使用 NFV 和 SDN 的出发点和动机。同时,鉴于这两项技术仍然处于相对早期的方案探讨阶段,很多相关的协议和标准还没有最终确定,这也在一定程度上劝退了不少企业,也有很多企业在观望和犹豫是否要投入大量资源去进行前期的探究工作。

在 SDN 和 NFV 中,上面提到的这些网络负载都可以使用虚拟化技术实现,并成为一个个虚拟网络功能(Virtualized Network Function,VNF)。通常而言,对于一个有效的 SDN 和 NFV 实现来说,其中的 VNF 必须非常灵活,便于使用,同时容易大规模扩展,不局限于某种应用场景或网络。此外,这些 VNF 的性能应该不低于,甚至高于专用的硬件设备。因此,为了有效地实现这些虚拟网络功能，就需要做到控制面和转发面的分离和独立扩展，同时设计并优化拥有可编程能力的转发面，最终将其进行标准化。

在电信网络的应用场景中，NFV 的一个典型应用就是虚拟化的宽带远程接入服务 vBRAS(virtual Broadband Remote Access Server)，又称为 vBNG(virtual Broadband Network Gateway)。在 vBRAS 中可能包含很多虚拟网络功能，例如远程用户拨入验证服务 RADIUS、动态主机设置协议 DHCP，以及之前提过的 DPI、防火墙、QoS 等。

一个重要的发现是，这些网络应用从计算资源的需求上可以分成两类：一类不需要大量的计算资源，如 RADIUS 和 DHCP。同时，这类应用很多属于控制平面，因此它们很适合直接放在控制平面，并且有很好的纵向和横向的扩展性，也很适合用通用的计算和存储设备进行实现。另一类应用往往需要很大的计算能力，如流量管理、路由转发、数据包处理等，且通常需要在线速下(如 40Gbps、100Gbps 或更高)进行处理。这类应用往往属于数据平面。对于数据平面，它还需要支持很多种计算量很大的网络功能，这样才能区别于使用专有硬件，符合 NFV 技术的初衷。

综上而言，数据平面应该能线速进行高吞吐量的复杂数据包处理，同时支持多种网络功能，具有很强的可编程能力。然而，如果直接使用软件方法实现，这两点功能很难同时满足，这主要是由 CPU 和软件的性能瓶颈造成的。如果采用其他特制的硬件加速单元，如自研 ASIC，又无法灵活地适应不断变化的 SDN 和 NFV 协议，同时对数据中心的同构性、开发和运维成本等造成过大负担，这和之前介绍的云数据中心硬件加速器的评价标准相同。

在这个背景之下，FPGA 就成为了性价比最优的方案。采用 FPGA 作为智能硬件加速平台，能同时解决处理速度和可编程性两个问题。首先，相比纯软件实现的方法，FPGA 在数据包处理上拥有着性能的绝对优势，可以在硬件上对网络数据进行并行处理。相比于传统的专有硬件设备，FPGA 还拥有灵活的可编程能力，可以支持各种虚拟网络应用的实现。

例如，2017年中国电信就联合英特尔与HPE发布了名为《为下一代电信基础设施寻找有效的虚拟网络体系架构》的技术白皮书，在系统层面详细阐述了三家公司在推动SDN和NFV技术发展所做的工作和成果。其中，他们使用了FPGA作为数据平面的主要计算加速单元，在多租户情况下对QoS和多级流量整形进行线速处理。

与微软Catapult项目中使用的FPGA智能网卡类似，这种基于FPGA的网络数据包处理方式十分灵活。例如，可以将数据包完全在FPGA内部处理后转发，不经过CPU；也可以将数据包通过PCIe传送到CPU，使用DPDK等包处理软件进行处理，再通过CPU转发；或者二者结合，一部分虚拟网络功能在CPU上实现，另一部分则可以卸载到FPGA上完成。

此外，由于FPGA有着动态重构的特点，它可以在不同的时间段，对多种网络功能进行计算加速，而不需要更换硬件板卡或设备。除了通用的网络功能之外，用户的自定义网络功能也能在FPGA中很好地支持，而不需要专有设备完成。这些都很好地平衡了高性能和高通用性两者间的矛盾。

可以看到，FPGA已经逐渐开始在电信网络提供商的数据中心得到使用和部署，并深度参与到电信网络的智能化转型过程中。在这个过程中，有很多全新的问题和要求不断出现，很多甚至是我们从未考虑过的。例如，如何有效地设计CPU＋FPGA这样的异构计算架构，如何实现计算-控制-存储等单元的有效管理和分配，如何将硬件加速资源在数据中心进行高效部署，如何设计商业模型以明确FPGA或者其他硬件加速器在整个系统中的位置和作用等。这些问题都对今后如何在数据中心里高效地使用FPGA提出了全新的要求，也将会是未来一段时间企业和学术界共同的研究重点。

2.4 系统级解决方案：FPGA 加速卡

作为加速云数据中心的重要组件，FPGA 已经开始了它在数据中心领域的广泛使用。除了像微软、亚马逊这样的大型云服务提供商之外，FPGA 也逐渐开始进入其他类型和规模的数据中心，并在大数据处理、AI、网络功能加速等领域扮演着重要的角色。

在这些基于大数据浪潮的全新应用中，FPGA 厂商也在不断地探索和尝试新的 FPGA 推广方法。这些推广的目的非常明确，就是让更多的用户使用自己的 FPGA 产品。在这个过程里，我们可以看到一个重要的发展趋势，那就是 FPGA 厂商正在逐渐地从一个单纯的芯片厂商，转变为系统级解决方案提供商。

在本节中，我们将详细介绍当前 FPGA 厂商如何不断布局加速卡产品市场，以及他们如何使用加速卡推广自身的 FPGA 系统级解决方案。

2.4.1 FPGA 应用方案的转型

在传统的 FPGA 业务模型里，FPGA 厂商通常只负责卖给客户两样东西：一个是 FPGA 芯片，另外一个是 FPGA 的 EDA 开发工具。这两件东西一旦售出，客户开发何种应用就与厂商无关。虽然厂商也会提供详尽的技术支持，但主要的开发过程还是由客户完成。然而，这种业务模型并不适用于新的 FPGA 应用领域。一方面，在这些新兴领域里，有着 CPU、GPU、ASIC 等多种硬件实现方案，FPGA 在很多时候并不是用户的第一选择。另一方面，用户的研发重点在于新算法、新应用的设计，而非 FPGA 本身的开发。事实上，只有能更快地完成算法和应用实现的硬件平台，才能帮助客户快速进入并抢占市场。

基于此，现如今 FPGA 厂商更倾向于提供给客户一个完整的系统级解决方案。两大 FPGA 厂商目前纷纷推出的各类 FPGA 加速卡,就是这个趋势的典型代表。

总体而言,FPGA 厂商在硬件层面已经不单单提供芯片级的产品,而是进一步提供板卡级的产品组合。与开发板不同,FPGA 加速卡是针对特定领域和应用的专业板卡,通常以 PCIe 扩展卡的方式进行部署。板卡上设计有丰富的高速 I/O 接口与存储资源,但往往不会配备太多开发板上常见的功能与资源,例如通用 I/O 与调试接口等。

在软件层面,FPGA 厂商除了提供传统的开发套件之外,现在还会提供与 FPGA 加速卡配套的驱动、各类软件库、编程接口(API),甚至还有下文会提到的完整的软件开发栈以及软硬件参考设计。通过提供这些完整的开发环境,大大简化了 FPGA 的开发难度,使得软件开发人员也能在短时间内完成算法模型的 FPGA 实现。FPGA 厂商的主要目的,是在不断提供原厂软硬件解决方案的同时,也在不断吸收第三方的 IP 与应用,从而构建一个完整的 FPGA 生态系统。

同时我们也应该注意到,除了 FPGA 原厂的加速卡方案之外,很多第三方厂家,例如华为、浪潮和 Mellanox 等,也相继推出了各自的 FPGA 加速卡产品。这些第三方加速卡虽然采用的都是英特尔或赛灵思的 FPGA 芯片,但都针对各自的细分领域做了优化设计,以适应目标应用的需要。

接下来,我们将详细介绍主要 FPGA 厂商的 FPGA 加速卡产品,以及基于该加速卡的 FPGA 生态系统布局。同时,也将介绍目前主要的第三方 FPGA 加速卡产品,以及它们各自的特点。

2.4.2 英特尔的 FPGA 加速卡布局

早在 2017 年 10 月,英特尔就官宣了旗下的首款 FPGA 加速卡产品,名为“Programmable Acceleration Card”,简称 PAC,见

图 2-18。同时发布的，还有与之配套的软硬件开发框架与加速栈系统。这不仅是英特尔 FPGA 的首款通用 FPGA 加速卡产品，也是当时市场上的首款面向大数据、AI、高性能计算等新兴领域的数据中心 FPGA 加速卡，因此 PAC 的意义非同小可。

图 2-18　英特尔 PAC FPGA 加速卡(图片来自英特尔)

这款 FPGA 加速卡的硬件资源如图 2-19 所示。在硬件规格方面，PAC 基于英特尔的 Arria10 GX 系列 FPGA，它由英特尔的 20nm 工艺制造，拥有 115 万个可编程逻辑单元，是英特尔在当时性能和容量最强大的 FPGA 产品。在板卡上，集成了 8GB 的 DDR4 内存和 128MB 闪存。接口方面，PAC 有一个 QSFP＋接口，能满足最高 40Gbps 的网络连接带宽，同时有 PCIe Gen3×8

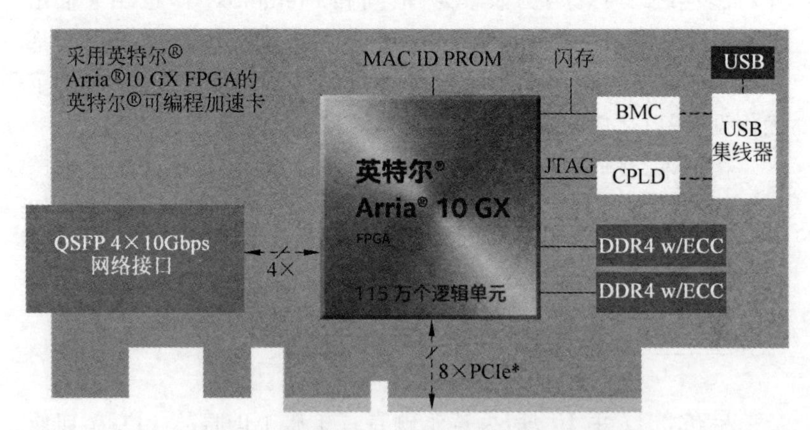

图 2-19　英特尔 PAC FPGA 加速卡板级资源

接口与主机 CPU 互连。值得注意的是,PAC 的板级功耗约为 45～60W,因此采用了被动散热设计,从而将板卡的尺寸控制在了半高半长,方便在各类服务器的部署。

PAC 的主要应用场景是加速数据中心的各类应用。作为英特尔的原厂产品,PAC 在数据中心里有着得天独厚的优势。它天生可以作为英特尔 Xeon 处理器的硬件加速单元,用于卸载和加速原本在 CPU 上实现的各类应用,从而构成英特尔 CPU＋FPGA 的高性能数据处理组合。

作为生态系统构建的重要组成部分,除了硬件板卡之外,英特尔还发布了面向 Xeon 和 FPGA 的加速堆栈(Acceleration Stack),见图 2-20。这个加速堆栈本质上是一个软件开发框架,包含了 FPGA 板卡的驱动、API、接口管理、软件库与开发工具等,从而为 CPU 与 FPGA 的联合开发提供了通用的编程接口,简化了开发流程,缩短了开发时间。

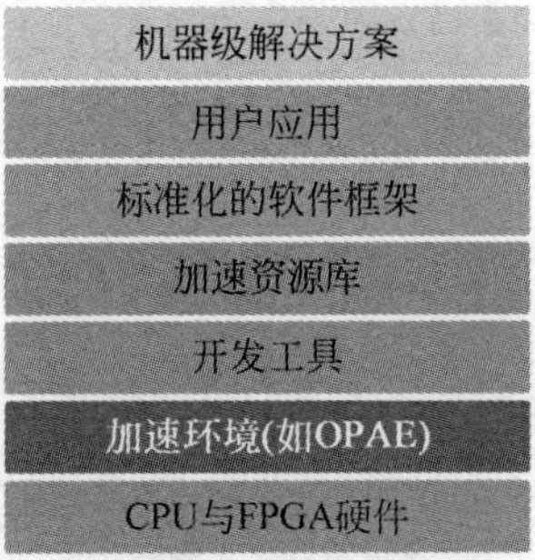

机器级解决方案
用户应用
标准化的软件框架
加速资源库
开发工具
加速环境(如OPAE)
CPU与FPGA硬件

图 2-20　英特尔 FPGA 加速堆栈结构

为了向软件开发者进一步抽象底层的 FPGA 硬件资源,英特尔使用并开源了名为"开放可编程加速引擎(Open Programmable Acceleration Engine,OPAE)"的技术。OPAE 是一个层次化模型,它提供了一系列标准的软件接口,以及常见硬件功能的 FPGA 实现,例如各类寄存器与内存分配逻辑等,见图 2-21。同时也提供了很多操作系统内核空间的 FPGA 支持，使得开发者可以专注于用户空间的应用开发。

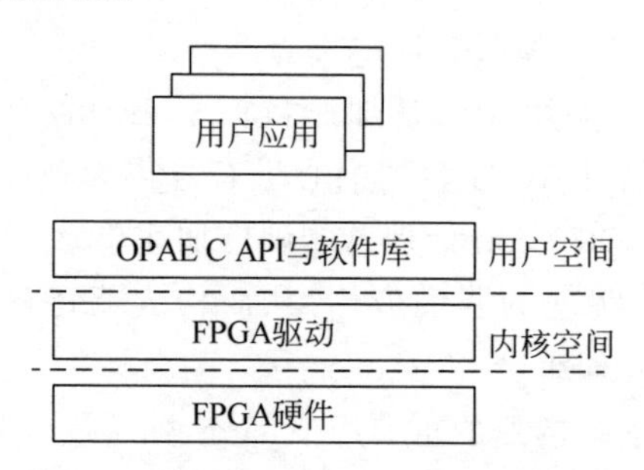

图 2-21　英特尔 OPAE 技术的结构层级

PAC 发布一年后，英特尔在 2018 年 10 月发布了另一款基于 Stratix10 SX 系列 FPGA 的 PAC 产品，名为 PAC D5005，见图 2-22。相比基于 Arria10 FPGA 的 PAC，这款新发布的加速卡在硬件性能上有了质的飞越。Stratix10 作为英特尔的高端 FPGA 系列，基于英特尔的 14nm 工艺制造，并采用了 3D 系统级封装技术，有着更高的集成度。在这款 PAC 采用的 Stratix10 SX FPGA 上，有 280 万可编程逻辑单元，244Mb 片上内存以及高达 26Gbps 的串行收发器。

图 2-22　英特尔 Stratix10 PAC FPGA 加速卡(图片来自英特尔)

PAC D5005 加速卡的板级资源如图 2-23 所示。可以看到，这款 PAC 包含 32GB DDR4 内存，两个最高支持 100Gbps 网络带宽的 QSFP28 接口，以及 PCIe Gen3×16 接口。由于这个板卡面向更高性能的数据中心应用场景，因此在功耗和尺寸方面都较另一款 PAC 有所增加，其中板级功耗约为 225W，尺寸为全高、3/4 长的双槽设计。

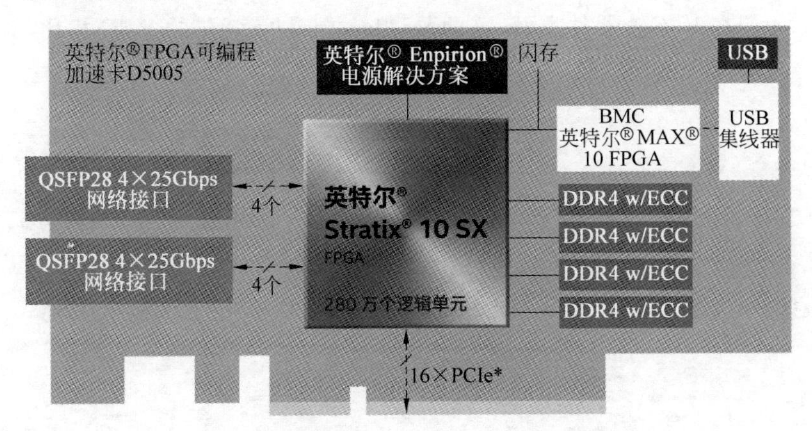

图 2-23 英特尔 Stratix10 FPGA 加速卡板级资源

英特尔的 FPGA 加速卡产品最大的优势，就是英特尔在数据中心处理器领域的核心支配地位。由于英特尔 Xeon 处理器占据了数据中心市场的 x86 处理器的绝大部分市场份额，因此无论谁家的 FPGA 加速卡都必须针对 Xeon 处理器做大量的兼容性设计和优化，而英特尔 FPGA 在这方面有着先天的优势。这也使得英特尔成为目前唯一一个能够提供全栈式数据中心解决方案的公司。

此外，英特尔与各大服务器制造商保持着良好的合作关系，因此包括戴尔、慧与(HPE)、富士通等服务器制造商会很自然地在自家的服务器产品中加入并销售基于英特尔 FPGA 的加速卡。

2.4.3 赛灵思的 FPGA 加速卡布局

赛灵思的 FPGA 加速卡产品起步相对较晚。在 2018 年 10

月，赛灵思才正式发布了旗下首款面向数据中心应用加速的FPGA加速卡产品，名为Alveo，如图2-24所示。首批推出的Alveo U200和U250板卡均基于赛灵思的16nm UltraScale FPGA器件制造，分别拥有89.2万和134.1万个可编程逻辑单元。在FPGA器件方面，这两款Alveo卡与英特尔的PAC相比，可以说在伯仲之间。

图2-24　赛灵思Alveo FPGA加速卡(图片来自赛灵思)

与英特尔的策略类似，这两款板卡主要针对的都是大型数据中心应用，因此板上集成了64GB DDR4内存，以及两个QSFP28网络接口和一个PCIe Gen3接口。与PAC相比，这两款板卡的板级资源要丰富得多。然而，这也导致Alveo板卡的外形尺寸和功耗都会有所增加。当采用主动散热时，板卡尺寸为全高全长，标准功耗为100～110W，功耗峰值可达225W，远超过基于Arria10 FPGA的PAC板卡的45～60W功耗，与基于Stratix10 FPGA的PAC板卡类似。

在生态系统建设方面，Alveo加速卡将主要基于赛灵思的SDAccel软件进行开发，如图2-25所示。SDAccel是一个集成的开发环境，它最主要的特点之一是包含针对C/C++和OpenCL等高层次语言的FPGA编译器、软件库和API等模块单元和基础架构，以帮助软件开发者更快地对FPGA硬件进行开发和使用。这一点，与英特尔的面向 Xeon 和 FPGA 的加速堆栈有异曲同工之妙。这也印证了当前 FPGA 软件系统发展的趋势，那就是需要不断降低 FPGA 开发的门槛，通过尽量多地提供高层次语言的支持，以提高 FPGA 的开发效率，缩短产品面世时间。在后面的章节中，我们将详细介绍包括高层次综合在内的当前最新的 FPGA 开发手段。

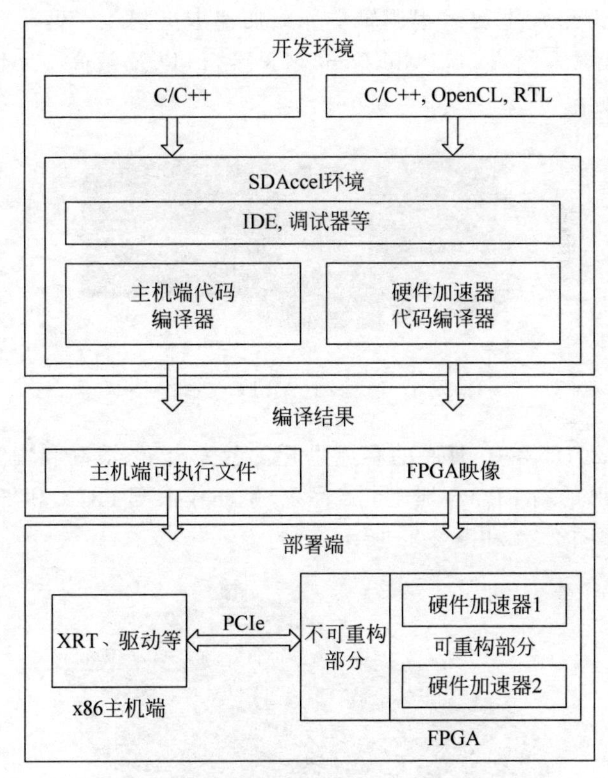

图 2-25　赛灵思 SDAccel 开发环境

2.4.4　第三方 FPGA 加速卡

除了英特尔和赛灵思推出的原厂 FPGA 加速卡之外，很多第三方厂商也在近年相继推出了基于 FPGA 的硬件加速卡产品。其中比较典型的有浪潮、华为等公司推出的加速卡，以及国外 Mellanox 公司推出的基于 FPGA 的智能网卡产品。

F10A FPGA 加速卡是目前浪潮在售的一款 FPGA 加速卡产品，如图 2-26 所示，它采用了英特尔 Arria10 系列 FPGA，最多包含 115 万个片上可编程逻辑单元。加速卡上提供了两个 SFP+ 10Gbps 以太网端口，PCIe Gen3×8 接口，以及最高 32GB 板载 DDR 内存。

图 2-26　浪潮 F10A FPGA 加速卡

在 2018 年 10 月底的赛灵思开发者大会上，浪潮和华为都发布了自己的新 FPGA 加速卡产品，分别叫作浪潮 F37X 和华为 FX 系列，如图 2-27 和图 2-28 所示。

图 2-27　浪潮 F37X FPGA 加速卡

图 2-28 华为 FPGA 加速卡

这两款加速卡都采用了赛灵思的 16nm UltraScale+ FPGA 器件。相比赛灵思的原厂 Alveo 加速卡，浪潮和华为的这两款产品进一步削减了板卡的功耗，这主要得益于 FPGA 芯片规格的提升。例如，浪潮的 F37X 加速卡的典型功耗只有 75W 左右，而华为的 FX 系列的中端加速卡的典型功耗最大为 75W，高端卡为 200W。

在其他技术规格方面，浪潮 F37X 加速卡使用的 FPGA 集成了 8GB 的 HBM2 片上高速缓存，与 DDR 相比，HBM2 能大幅提高存储带宽和访存效率。此外，新推出的这两个第三方加速卡都比 Alveo 有着更高的片上逻辑单元数量，足以应对各种新兴的数据中心计算与应用场景，例如机器学习、视频编解码、NFV、图像与语音识别等。

除了国内的厂商外，以色列厂商 Mellanox 也有不少基于 FPGA 的智能网卡产品，例如它的 Innova-2 Flex 系列。Mellanox 是一家著名的网络设备供应商，旗下产品包括网络控制芯片、网卡、线缆、交换机、软件等，主要应用在数据中心里的各类网络连接，可以说几乎涵盖了数据中心网络产品的各大门类。在 2019

年，包括赛灵思、英特尔和微软在内的多家科技巨头争相竞购Mellanox，并最终花落英伟达。

智能网卡的“智能”之处，就是将很多原本运行在CPU内核上的应用，卸载到网卡上通过硬件加速器实现。特别是对于虚拟交换、虚拟路由等与数据中心基础架构相关的设备，而对于与数据中心用户无关的应用来说，如果用CPU实现这些功能非常不实惠，因为这样相当于变相减少了本来可以卖给用户的CPU内核资源。相反的，如果将这些应用卸载到智能网卡上实现，就可以显著减少CPU内核的使用，同时降低网卡与CPU的通信量，节省PCIe带宽。

Mellanox公司的这款智能网卡如图2-29所示。它包括两个主要芯片，一个是Mellanox自研的ConnectX-5以太网控制器，另一个是赛灵思的Kintex UltraScale FPGA。板上包含两个25Gbps以太网端口，并都与ConnectX-5相连，然后再通过PCIe Switch连接主机和FPGA。ConnectX-5本身就可以实现不少硬件加速功能，例如常见的虚拟交换和虚拟路由卸载，SRIOV、QoS与流量控制等。FPGA在这个卡上更像是一个“辅助”的加速单元，主要的设计目的是用来满足各种定制化的需求。

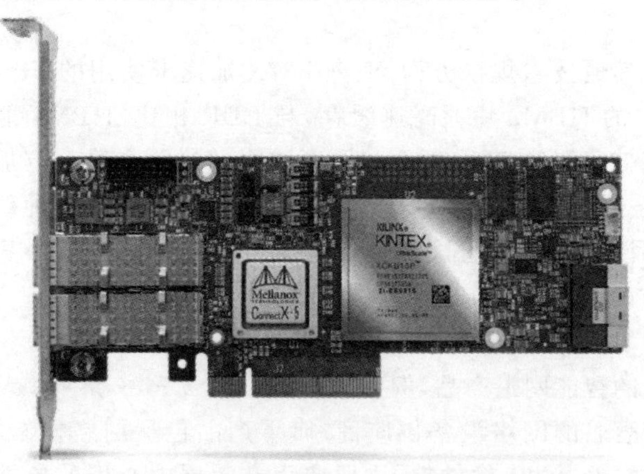

图2-29　Mellanox FPGA智能网卡

可以看到，不管是 FPGA 芯片厂商，还是服务器与第三方厂商，都开始争相布局 FPGA 加速卡市场。在这个布局的背后，更多的是对 FPGA 易用性的提升，并借此构建属于 FPGA 开发者的软硬件生态系统。有了基于 FPGA 加速卡的系统级解决方案，必将会帮助 FPGA 在更多应用领域大显身手。

2.5　虚拟与现实之间——FPGA 虚拟化

为了实现 FPGA 在数据中心的应用与部署，需要有方法对 FPGA 的硬件资源进行开发、管理和调度，而传统的 FPGA 开发方法在这里并不适用。近年来，FPGA 的虚拟化方法逐渐成为业界关注和研究的重点。使用这种方法，可以简化 FPGA 开发流程，方便系统管理，降低 FPGA 的应用门槛。本节将详细介绍 FPGA 虚拟化方法的具体技术细节，并讨论几种常见的 FPGA 虚拟化技术，以及它们如何帮助 FPGA 在数据中心里更快、更方便地进行部署和使用。

2.5.1　为什么要进行 FPGA 虚拟化

在传统的 FPGA 开发模型中，如图 2-30 所示，使用者通常使用硬件描述语言（HDL）对应用场景进行建模，并构建业务逻辑，然后通过特定的 FPGA 开发工具，将硬件模型直接映射到 FPGA 上，并由 EDA 工具自动完成布局布线和时序优化等操作，最终生成可以在 FPGA 上运行的映像文件。使用这种方法直接对 FPGA 进行开发，好处是能够任意使用需要的硬件逻辑资源，如 FPGA 上的 LUT 查找表、RAM、DSP，以及各类 I/O 模块和接口，如 PCIe 和以太网控制器等。同时，用户可以在硬件层面对设计进行有针对性的调整和优化，所以一般会得到比较高的系统性能。

不过，这种开发方法的主要缺点之一是对开发者的技能要求

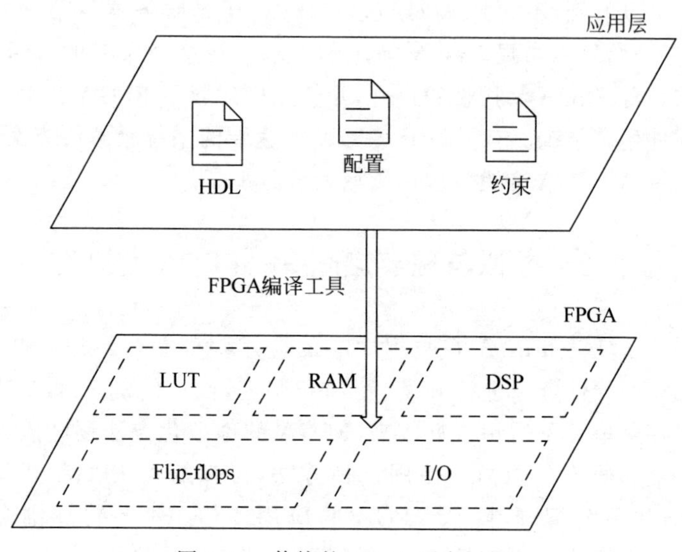

图 2-30　传统的 FPGA 开发层级

很高。例如，开发者需要非常了解 FPGA 的结构及其内部资源，需要掌握硬件描述语言对设计进行建模，还需要熟练使用目标 FPGA 器件的开发、仿真与调试工具。特别是在实际工程项目中，实际掌握上述技能往往需要数年的积累。

这种开发模式另外的一个主要缺点是，FPGA 只能由单一用户开发和使用。对于一个对资源需求不大，而且不需要连续运行的应用而言，大部分 FPGA 的硬件资源在大部分时间内都会闲置。很显然，这样无法对 FPGA 的硬件资源进行充分利用。

伴随着当前大数据浪潮的兴起，FPGA 作为典型的硬件加速器，被越来越广泛地应用在各类数据分析、处理、传输等业务场景，并和其他通用处理器如 CPU、GPGPU，以及各种与应用相关的专用处理器和 ASIC 等组成复杂的异构计算系统。这时，由于异构系统中的其他单元大都是通过软件指令进行编程，传统的基于硬件电路描述的 FPGA 开发模型就很难直接适用于异构系统的开发，这也限制了FPGA的进一步扩展使用。

所以，为了提高FPGA的开发效率，更好地利用FPGA的逻辑资源，方便FPGA的大规模部署和应用，需要将FPGA进行一定程度的逻辑抽象，使顶层用户不必太多关注于FPGA硬件逻辑的实现方式与细节，见图2-31。由此，FPGA虚拟化技术应运而生。

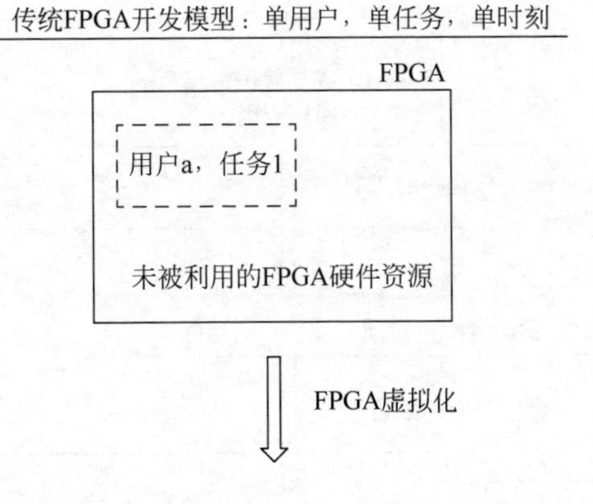

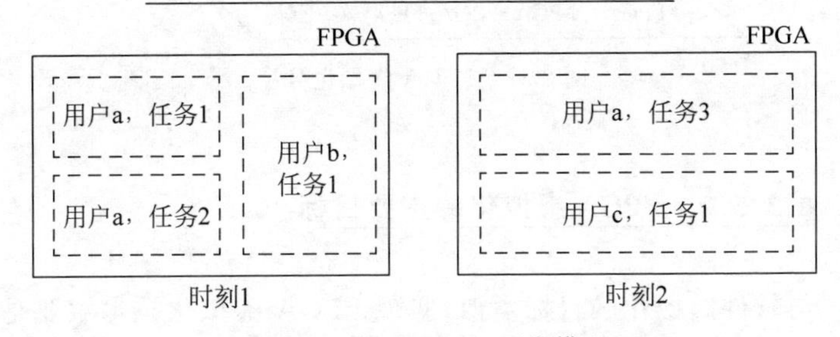

图2-31　新型FPGA开发模型

简单来说，FPGA虚拟化可以看作在传统的开发模型中加入了一个抽象层，它就像一座桥梁，将用户开发的应用和底层的FPGA硬件连接了起来，如图2-32所示。在最上层，用户的应用和业务逻辑通过特定的虚拟化编译工具首先映射到抽象层，这样避免了直接对FPGA硬件进行操作。抽象层可以兼具任务调度、资源分配与管理等功能，这与传统虚拟化技术中的编排器(Hypervisor)类似。对于底层的FPGA，它只需实现和执行抽象层分配的任务即可。同时，硬件层中还可以包含一个完整的异构计算系统，即拥有FPGA、多核CPU、GPU，以及其他硬件加速芯片等。

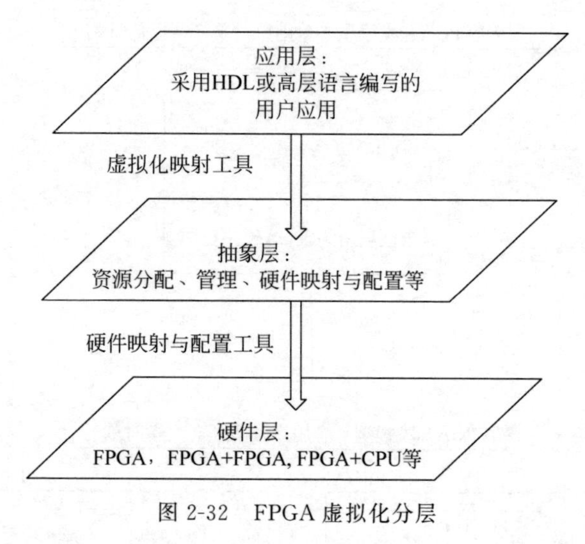

图 2-32　FPGA 虚拟化分层

2.5.2　FPGA 虚拟化的主要目标

与软件虚拟化的目标类似，实现FPGA虚拟化技术主要是为了将FPGA的特定计算资源进行抽象、分配和整合，在更高的使用层面打破它们的物理界限，从而提供更有效的FPGA资源管理与使用，并且兼顾扩展性与安全性。

具体而言，作为一项正在逐步兴起的技术，工业界与学术界对于FPGA虚拟化的认识和定义也在不断推进和丰富。目前，我们对于 FPGA 虚拟化的主要目标的定义可以细化为以下九点：

(1) 多租户架构：通过 FPGA 虚拟化技术，能够使用相同的 FPGA 结构为多个不同的用户提供服务。值得注意的是，这里“相同的 FPGA 结构”并不一定只是代表一块相同的 FPGA 芯片，而是可以在更广义的范畴里代表多个虚拟化层级。

(2) 资源管理：利用 FPGA 虚拟化技术，可以将具体的 FPGA 逻辑资源进行抽象，同时为使用者提供相应的驱动、API，以及监控 FPGA 任务调度和资源使用的方法。

(3) 灵活性：通过使用 FPGA 虚拟化技术，使系统能够灵活地支持更加广泛的应用场景，并为之提供 FPGA 的硬件加速能力。除了应用场景不同，加速器的描述方式也应具有灵活性，既可以使用硬件描述语言(HDL)实现的自定义加速模块，也可以使用基于高层语言(如 C/C++、OpenCL 等)描述并综合地针对特定协议框架的加速结构。

(4) 独立性：通过 FPGA 虚拟化技术，将使用相同 FPGA 逻辑资源的不同用户进行逻辑分隔，确保每个用户的应用能独立、安全地运行。

(5) 可扩展性：虚拟化平台对 FPGA 的支持需要具有可扩展性。例如，在硬件层面，能够支持不同厂商的不同 FPGA 架构，同一个厂商的多代 FPGA 产品，不同的加速板卡系列等。在软件层面，需要有能力支持多种开发环境、开发语言，以及多种开发框架等。

(6) 高性能：FPGA 虚拟化技术会不可避免地对系统性能带来一定程度的影响，同时也需要占用额外的 FPGA 逻辑资源实现特定的虚拟化功能。但是，这些性能的影响和 FPGA 的资源占用应该尽量小，从而保证每个用户对各自应用和任务的性能要求。

(7) 安全性：FPGA 虚拟化平台应保证每个用户的信息安全，确保平台的基础架构和资源不会被恶意使用，并保护平台及其用户不被恶意用户攻击和入侵。

（8）稳定性：FPGA虚拟化平台应该有能力保证系统和服务的稳定运行。

（9）开发效率：利用FPGA虚拟化技术，可以大幅提高FPGA的开发效率，并显著缩短设计的面世时间，增加设计和应用的竞争力。

以上这九点已经基本涵盖了设计一个完整的虚拟化计算平台所需要考虑的大部分要素。这也从另一个角度说明了开发、实现并部署FPGA虚拟化技术的复杂性。

一个“完美”的FPGA虚拟化系统会满足所有的上述目标，并和谐地达成各类性能指标之间的相互统一。然而在实际应用中，FPGA并非单独存在，而是伴随着CPU、GPU，以及其他软硬件加速模块等共同作用在一个异构计算系统中。上述目标的实现，很大程度上取决于具体在哪个层面进行FPGA虚拟化，这个层次的划分，会直接影响多个虚拟化系统的设计要素，例如FPGA如何与其他计算单元相互耦合，系统面向的是通用领域还是针对某些特定应用，开发方式是采用高级语言描述还是硬件语言，开发团队熟悉和擅长的FPGA架构及开发工具是什么。这些设计要素也会反过来影响和制约上述FPGA虚拟化目标的实现。

2.5.3 FPGA虚拟化的层次划分

对于硬件加速器虚拟化或FPGA虚拟化的分类，业界并没有一个明确的定义或标准。2004年，瑞士苏黎世联邦理工大学的Christian Plessl等人将FPGA虚拟化划分为三个层次：

（1）时域划分（Temporal Partitioning）：将一个较大的设计分解成若干个较小的模块，并通过重新配置FPGA，采用类似时间片轮转的方式顺序执行这些小模块。这通常适用于FPGA出现早期、硬件资源较为缺乏的阶段。同时也在某种程度上适用于某些应用场景中FPGA硬件资源受限的情况。

(2) 虚拟化执行(Virtualized Execution)：将一个应用划分成多个可以相互通信的运行单元或任务，每个任务可由一类FPGA器件系列完成，而非针对某种FPGA，这样FPGA的特定资源或结构就被虚拟化了。应用中的多个任务由统一的运行环境进行调度，这种方式类似于CPU或微处理器中的指令集的定义与执行方法。

(3) 硬件虚拟机(Virtual Machine)：这是更高层级的虚拟化，它引入了一层硬件抽象架构，使得开发者不用关注FPGA底层的具体结构和资源。设计会通过软件工具重新翻译映射到FPGA上。

随着FPGA技术的发展，单片FPGA的容量、资源以及处理能力飞速增长，FPGA的应用场景也不断扩展，因此上面对于FPGA虚拟化层级的划分逐渐开始显得不够全面。2018年，曼彻斯特大学的Anuj Vaishnav等人将FPGA虚拟化根据计算系统的抽象程度重新划分成以下三个层次：

(1) 资源级(Resource Level)虚拟化：主要划分依据是FPGA的片上资源的虚拟化程度，具体包括架构虚拟化和I/O虚拟化两类。

(2) 单节点级(Node Level)虚拟化：即虚拟化的最小粒度为单个FPGA器件，资源管理和基础设施的搭建都围绕着单个FPGA器件展开。

(3) 多节点级(Multi-node Level)虚拟化：虚拟化的最小粒度为多个FPGA器件，这主要适用于使用多个FPGA的大型应用场景。

这三个虚拟化层次与软件虚拟化的大致对应关系如图2-33所示。

不管采用何种层次划分的方法，其核心都离不开如何使用单个或多个FPGA的相关逻辑资源，以及如何开发相应的虚拟化软件与工具。为了实现虚拟化而引入的抽象层，既可以是一层，也可以由多层抽象组合而成。不同的抽象层次与各种虚拟化目标之

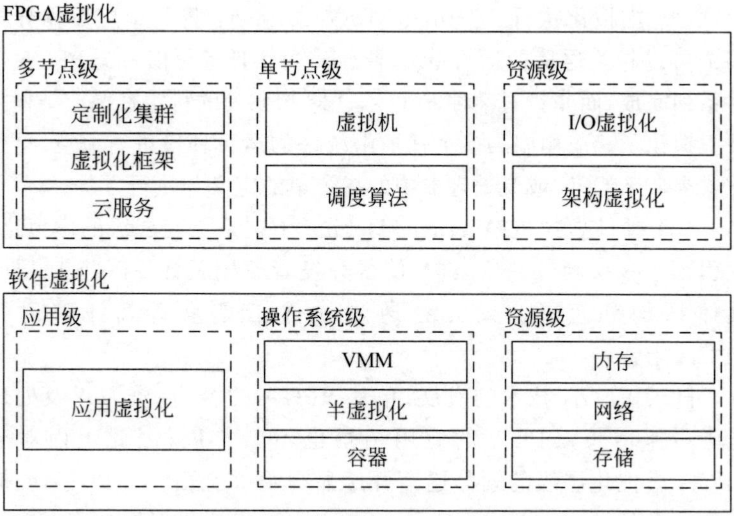

FPGA虚拟化

多节点级：定制化集群、虚拟化框架、云服务

单节点级：虚拟机、调度算法

资源级：I/O虚拟化、架构虚拟化

软件虚拟化

应用级：应用虚拟化

操作系统级：VMM、半虚拟化、容器

资源级：内存、网络、存储

图 2-33　FPGA 虚拟化层次与软件虚拟化(JVM)层次的大致对应关系

间，往往是此消彼长的关系，而且很难全部满足。在图 2-34 中，我们将虚拟化的层次按照单 FPGA 和多 FPGA 分成两大类，并总结了这两大类包含的常见的 FPGA 虚拟化方法，以及它与 FPGA 使用灵活性、开发风格与开发效率等性能指标的对应关系。

随着虚拟化程度的不断增加，对 FPGA 片上资源的使用灵活性会逐渐下降，这有多方面的原因。其一是由于需要使用额外的 FPGA 资源实现虚拟化管理的相关逻辑，另一方面则是因为通过软件进行多个 FPGA 资源的分配和管理时，很难与人工优化的结果相比。但是抽象程度越高，其开发风格就更类似于软件开发，因此开发效率就会越高。

2.5.4　常见的 FPGA 虚拟化实现方法

本小节将介绍三种 FPGA 虚拟化实现方法：Overlay、部分可重构与虚拟化管理器、FPGA 资源池与虚拟化框架。

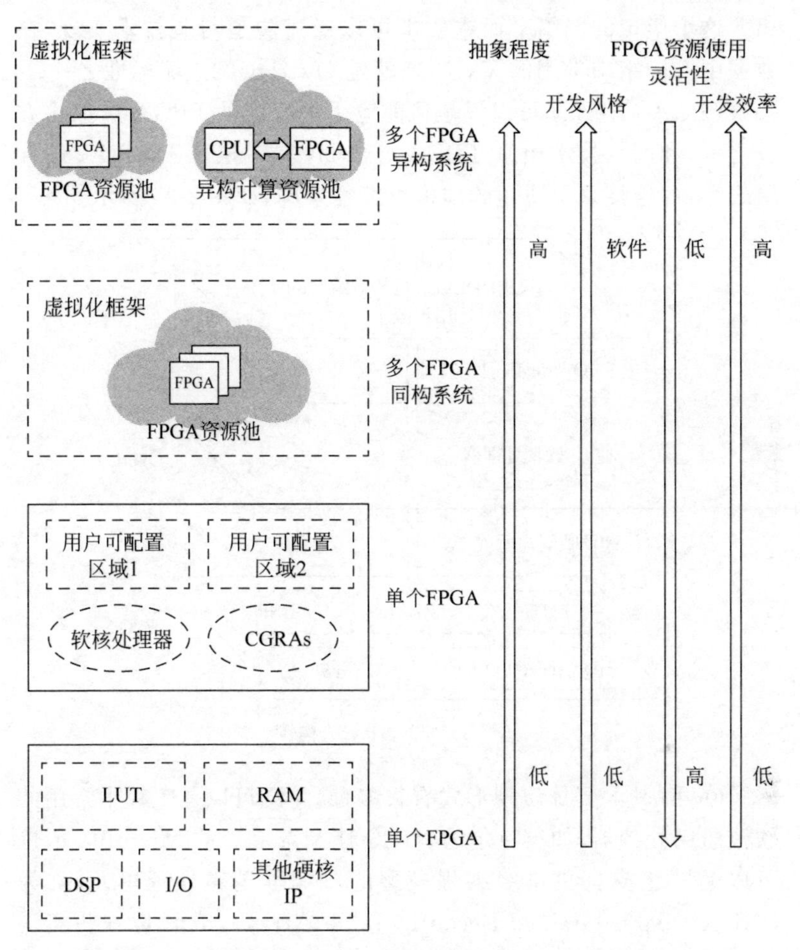

图 2-34　不同抽象层次与多个性能指标之间的相对关系

1. Overlay

Overlay 本意是覆盖或叠加，它在网络技术里是一种构建虚拟逻辑网络的方法。它的实现方法通常是在物理网络架构的基础上，增加一层虚拟的网络平面，使得上层应用与底层物理网络相分离。这个虚拟的网络平面本质上可以通过隧道封装技术实现，在数据中心网络中常用的 VxLAN 就是 Overlay 的主流标准之一。

FPGA Overlay 可以说是目前应用最广泛的 FPGA 虚拟化方法之一，和网络技术相似，FPGA Overlay 是一层位于 FPGA 硬件层之上，并连接顶层应用的虚拟可编程架构，如图 2-35 所示。

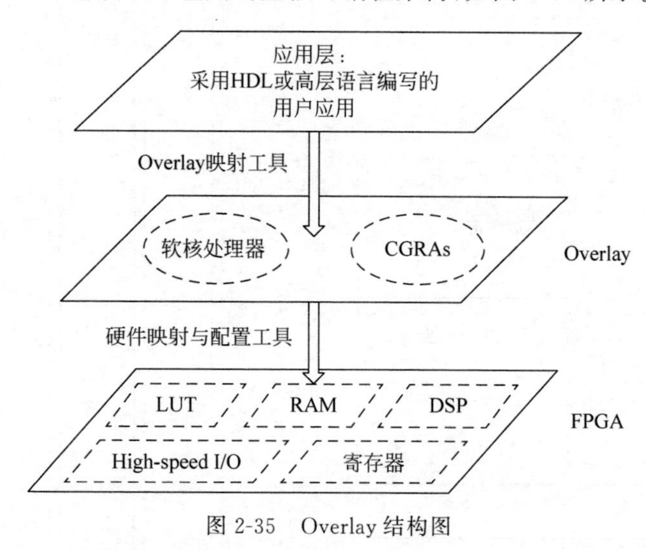

图 2-35　Overlay 结构图

Overlay 的具体实现形式有很多种，它既可以是工程中常用的软核通用处理器，如英特尔的 NIOS-II 和赛灵思的 MicroBlaze，也可以是一组支持更高级编程模型的可编程逻辑处理单元，称为 CGRA(Coarse-Grained Reconfigurable Array)，或者是一些实现特定功能的专用处理器，如 Virtual Box 公司开发的针对加速向量计算的向量处理器(Vector Processor)等。

使用 Overlay 的主要目的是为上层用户提供一个他们更为熟悉的编程架构与接口，便于他们通过高层语言对 Overlay 中的通用处理器等进行编程，而无需担心具体的硬件电路实现，由此实现了对 FPGA 底层硬件资源的抽象和虚拟化。另外，由于 Overlay 层提供的逻辑处理单元或软核处理器通常与底层 FPGA 硬件无关,因此方便了上层设计在不同 FPGA 架构之间的移植。

使用 Overlay 的另外一个好处是可以在很大程度上缩短 FPGA 的编译时间。在传统的 FPGA 开发流程中,FPGA 的编译需要经过逻辑综合、映射、布局布线等步骤,整个编译过程通常会长达几个小时之久。由于 Overlay 层的逻辑架构相对固定,因此可以由 Overlay 的开发者提前进行全部或部分编译。用户在使用时,只需编译自己编写的逻辑部分即可,这样大大缩短了整体的开发时间,也方便对应用进行调试和修改。

Overlay 技术与高层次综合(High-Level Synthesis,HLS)技术的主要区别在于,前者引入的 Overlay 层并不能完全隐藏底层的 FPGA 结构,由此可能带来额外的开发难度和成本。这通常体现在两个方面:

(1) Overlay 层往往不能实现上层用户的全部逻辑。例如使用 FPGA 软核处理器时,通常用它们进行数据通路和逻辑的控制,但仍然需要专门的硬件工程师开发数据通路的部分。

(2) Overlay 还没有一个业界统一的标准化开发模型。如果在 Overlay 中使用专门的处理器阵列或 CGRA,由于现在并没有一个类似在 HLS 中采用的通用标准,那么就需要软件工程师提前学习和掌握所用的 CGRA 的编程模型,也需要有硬件工程师团队负责在 FPGA 中实现和优化 Overlay 层中的 CRGA 硬件电路。

2. 部分可重构(Partial Reconfiguration)与虚拟化管理器(Hypervisor)

部分可重构是 FPGA 的主要特点之一,它体现了 FPGA 特有的灵活性。具体来说,可以将 FPGA 内部划分出一个或多个区域,并在 FPGA 运行过程中单独对这些区域进行编程和配置,以改变区域内电路的逻辑,但并不影响 FPGA 其他部分的正常运行。这使得 FPGA 可以在时间和空间两个维度,由硬件直接进行多任务的切换,如图 2-36 所示。

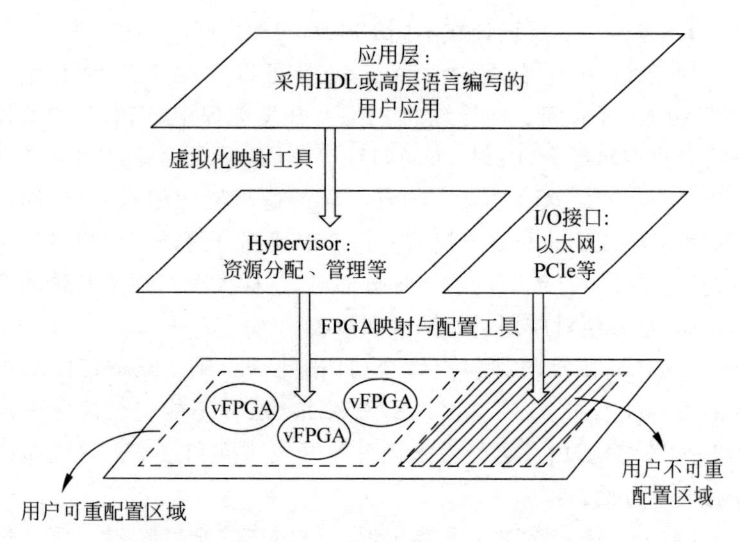

图 2-36 通过 FPGA 部分重构进行多任务切换

利用部分可重构技术，可以将 FPGA 划分成若干个子区域，作为虚拟 FPGA 供单个或多个用户使用，同时保留一部分逻辑资源作为不可重配置区域，用来实现必要的基础架构，如内存管理与网络通信等。

一个典型的例子是微软的 Catapult 项目。在前文提到的 Catapult 第二阶段的工作中，每个 FPGA 都在逻辑上被划分成“Role”和“Shell”两部分。其中，Role 即为可重构的逻辑单元，可以根据不同用户应用进行编程和配置；Shell 即为不可重配置区域，包含了不同应用都可能需要的基础架构，例如 DRAM 控制器、高速串行收发器、负责与主机通信的 PCIe 模块与 DMA、控制重构的 Flash 读写模块，以及其他各种 I/O 接口等。

另外一个基于 FPGA 部分可重构技术进行 FPGA 虚拟化的例子，是 IBM 的 cloudFPGA 项目。在它 2015 年发表的文章中，FPGA 被划分成三部分：管理层（Management Layer）、网络服务层（Network Service Layer）以及虚拟 FPGA 层（vFPGA），如图 2-37 所示。

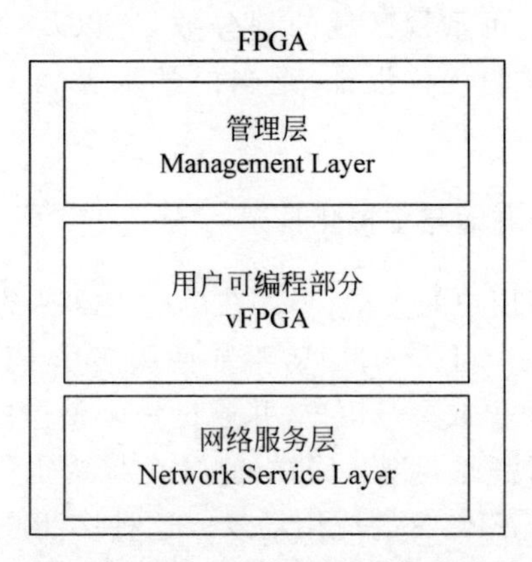

图 2-37 IBM cloudFPGA 结构示意图

其中,vFPGA 本质上就是一个或多个可以动态重构的 FPGA 区域,它们可以共同属于一个用户,或分属多个用户,运行着相同或不同的应用。在一个 vFPGA 进行动态重构时,其他 vFPGA 的运行不会受到影响。管理层是不可被用户配置的区域,主要负责对这些 vFPGA 进行内存的分配和管理。vFPGA 和管理层类似于传统虚拟化架构中虚拟机和编排器的关系。网络服务层则主要负责控制多个 vFPGA 与数据中心网络的通信,并在 FPGA 硬件上实现了 L2-L4 层网络协议,供所有 vFPGA 使用。

为了通过部分重构技术进行 FPGA 虚拟化,通常都需要引入额外的管理层,用来对虚拟后的 FPGA 进行各类资源的统一管理与调度。但是,管理层的引入势必会占用原本可以用于应用逻辑的可编程资源,同时对系统的整体性能带来负面影响。

另外,对 FPGA 强行划分多个可重构区域,也可能会严重影响系统性能。例如,一旦划分了可重构区域,就代表着其他应用逻辑不能使用该区域内的硬件资源,这样会严重影响编译时布局布线的灵活度,导致某些时序路径必须“绕道”,以避免这些可重构区域,从而造成过长的布线延时。另一方面,如果划分了过少的可重构区域,就可能会造成 FPGA 资源的空置和浪费。因此,如何优化 FPGA 上可重构区域的划分数目，以及针对动态重构进行布局布线工具的优化设计，是当前学术界和工业界正在探索的问题。

3. FPGA 资源池与虚拟化框架

为了实现多用户的支持，与其在单一 FPGA 芯片上使用动态重构技术划分多个可重构区域，不如使用多个 FPGA 级联，使每个 FPGA 负责单个或少量用户，并通过一个整体的虚拟化框架完成系统的集成与资源调度。同样的，这个架构也可以支持单一用户同时需求多个 FPGA 的应用场景。这种多租户的 FPGA 虚拟化架构通常需要软硬件两个层面的支持，如图 2-38 所示。

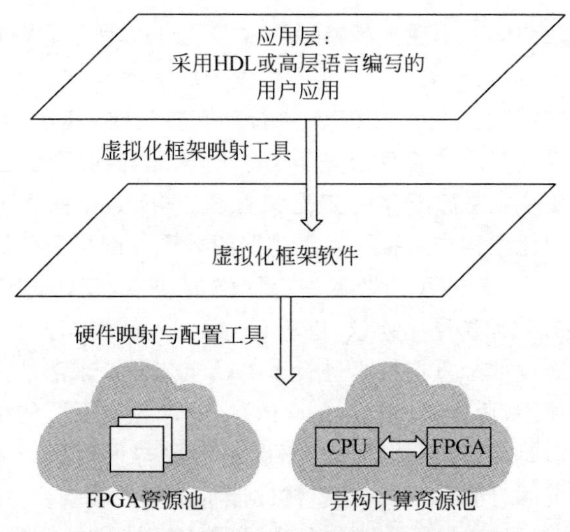

图 2-38　FPGA 资源池与虚拟化框架示意图

在硬件层面，需要实现多 FPGA 互连，形成 FPGA“资源池”，同时也要支持其他硬件结构，例如 CPU、GPU，或者其他硬件加速器等。在软件层面，需要有一个虚拟化框架，对用户任务进行有效的 FPGA 部署。具体来说，就是对各类硬件资源进行分配调度，管理包括 FPGA 在内的各个加速器之间的通信和数据传输，控制 FPGA 的连接方式，以及对 FPGA 进行动态重构和配置等。

前文提到的微软 Catapult 项目和 IBM cloudFPGA 项目都有各自的对多租户的支持。例如，在 Catapult 第三阶段的工作中，每个 FPGA 内都集成了一个弹性路由单元(Elastic Router)，多个用户可配置模块(Role)可以通过这个弹性路由提供的虚拟通道与外界进行网络通信。在更高层面，Catapult 提出了一种“硬件即服务(Hardware as a Service，HaaS)”的使用模型，这个 HaaS 模型通过一个中心化的资源管理器(Resource Manager，RM)，对数据中心里的 FPGA 资源进行统一管理和调度。每个 FPGA 资源池中，都有一个服务管理器(Service Manager，SM)通过 API 与 RM 进行通信。SM 对整个资源池的 FPGA 进行管理，实现如 FPGA 负载均衡、互连管理、故障处理等功能。

在 cloudFPGA 项目中，FPGA 与 CPU 完全解耦，直接作为网络设备接入数据中心网络，并成为池化的硬件加速资源。同时，IBM 提出了一个基于 OpenStack 的虚拟化框架和加速服务，使得用户可以通过在 FPGA 中预先设定的管理员 IP 地址，对 FPGA 资源池进行服务注册、任务分配、FPGA 配置以及使用。

在池化 FPGA 和虚拟化框架领域其他的代表性工作还有来自英国 Maxeler 公司开发的基于 FPGA 的数据流引擎(Dataflow Engine)，如图 2-39 所示。在传统的基于 CPU 的计算架构中(图 2-39a)，CPU 通过读取内存中的指令和数据进行相应的计算，当前指令的计算结果会写入内存，并读取下一条指令和数据，直到程序运行结束。在基于数据流的架构(图 2-39b)中，只需在应用开始时从内存中读取数据，随后会在 FPGA 上进行数据流处理和计算，所有中间数据不会返回内存，直到计算结束，这样从根本上规避了访存的性能瓶颈。多个数据流引擎的计算节点可以互连，并与 x86 CPU、网络单元、存储单元等共同组成完整的计算集群。

Maxeler 公司还提供了一种类似于 Java 的编程语言，称为

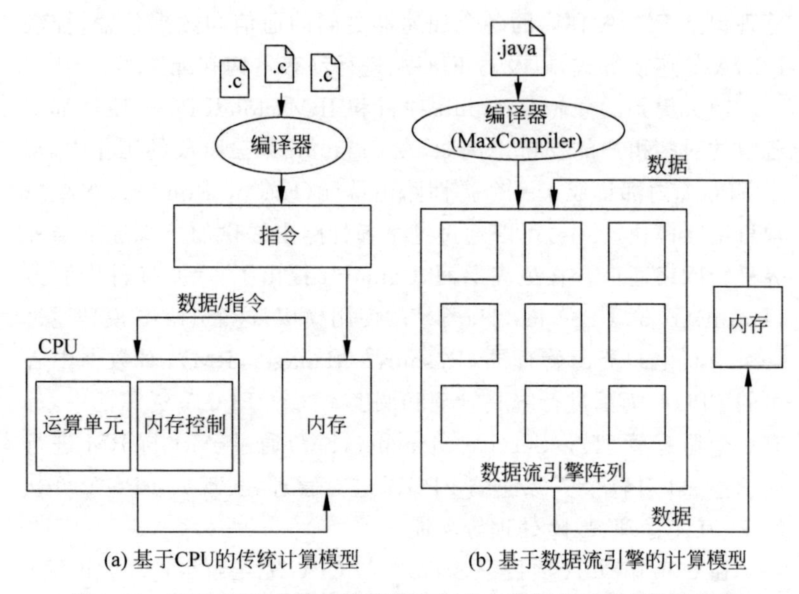

图 2-39　基于 CPU 的传统计算模型与基于数据流引擎的计算模型

MaxJ，用来对数据流图进行描述和建模。然后通过对应的编译器 MaxCompiler，将数据流图映射到底层的 FPGA 硬件平台，从而对上层用户虚拟化了底层电路逻辑的具体实现。目前，这套数据流引擎架构已经被用在多个高性能计算的应用场景，例如蒙特卡洛仿真、金融风险计算、科学计算，以及一些新兴的应用场景，如卷积神经网络的硬件加速等。

在虚拟化框架协议方面的另一个主要工作是对 MapReduce 框架的 FPGA 支持。MapReduce 是 Google 提出的针对大规模数据处理的并行计算框架，已被用于多种计算平台和架构，如多核 CPU、Xeon Phi 和 GPU 等。通过 MapReduce 框架，上层用户只需要调用给定的软件库和 API，而不需要知道底层的硬件结构。MapReduce 的核心即为 map 和 reduce 两个函数的实现，为了对 MapReduce 增加 FPGA 支持，可以首先设计 map 和 reduce 的

FPGA 硬件模块以及对应的编程接口，然后通过 MapReduce 框架调用，这样可以实现 FPGA 的分布式部署和配置。在这里，map 和 reduce 的 FPGA 设计可以通过传统的硬件描述语言完成，也可以通过高层语言，如 OpenCL 等，并借助高层次综合工具完成设计。

2.5.5　FPGA 虚拟化的未来研究方向

为了进一步实现 FPGA 虚拟化技术的成熟应用和部署，目前仍然有很多问题亟待解决，特别有以下几点：

(1) 需要对 FPGA 资源池、虚拟化框架以及多用户支持做更多更深入的研究。虚拟化的终极目标是对 FPGA 硬件资源的完全抽象，给上层用户提供一个近似于“无限”的 FPGA 硬件加速资源池，使得用户完全不用担心硬件的使用和分配情况，这就需要在硬件和软件两个层面进行更多深入的探索。

在虚拟化环境中，FPGA 通常要和传统的计算平台相互配合。因此在硬件层面，需要研究更先进的高吞吐量与低延时的互连与通信的方法，以实现多 FPGA、FPGA 与 CPU、FPGA 与其他硬件加速器，以及 FPGA 与各种网络和存储单元之间的高速互连与通信。在软件层面，需要进一步研究虚拟化框架和协议，能够有效地实现 FPGA 资源池的管理和配置，并提供软硬件接口供开发者使用。这些虚拟化基础设施研究往往无法只由一个公司主导完成，而如何协调和统一多个公司开发和提出的框架和标准，也将成为充满争议的焦点。

(2) 需要增加 FPGA 虚拟化环境的可扩展性。一个理想的 FPGA 虚拟化平台，应该支持不同的 FPGA 架构、不同的 FPGA 厂商及开发环境，以及不同的开发语言。只有这样，才能吸引不同背景的开发者使用该平台进行开发。另外，虚拟化平台应该具有足够的弹性，能够在它具体的应用场景中进行扩展。例如在大数据中心，FPGA虚拟化平台要能够应对FPGA的大规模部署，同时兼容现有的数据中心的软硬件架构和服务。

(3) 需要进一步研究和提高FPGA虚拟化技术的安全性与可靠性。虚拟化安全一直是传统虚拟化技术的研究重点之一，而FPGA虚拟化又有其独有的安全性与可靠性问题需要解决。由于FPGA具有硬件可编程的特性，一旦被恶意用户控制，不仅会造成软件服务的中断和入侵，还可以随意改变硬件电路逻辑，甚至造成大规模的硬件瘫痪。例如，德国卡尔斯鲁厄理工学院(KIT)的研究人员在2017年指出，现代FPGA架构都有可能被远程攻击和控制，并实施电气层面的破坏，使得FPGA无法通过重新编程进行恢复，而必须手动断电并重启整台服务器，这在大规模部署FPGA时会造成灾难性后果。因此如何在FPGA虚拟化平台中增加更多安全性和可靠性的支持，会是今后FPGA虚拟化研究的一大重点。

2.6 本章小结

在FPGA诞生后的近二十年时间里，FPGA的主要作用都是作为芯片流片前的原型验证和硬件仿真平台而存在的。但随着技术和文明的车轮不断滚滚向前，FPGA这个已经步入“而立之年”的芯片产品在大数据时代又重新焕发了新生。

在云数据中心里，FPGA首先作为网络数据加速器，在微软占据了一席之地。通过几个阶段的不断更新和迭代，微软已经在遍布全球的云数据中心里部署了上百万个基于FPGA的加速卡。有了完善的基础设施的加持，这些FPGA加速器和资源池就可以在很多其他应用领域大显身手。在下一章，我们将介绍微软如何使用FPGA构建实时AI系统，并对AI应用进行FPGA加速。

另一个云服务巨头，亚马逊的AWS则开创了另外一种将FPGA部署在云端的方式，即AWS-F1实例的“FPGA即服务

FaaS”。这使得用户可以像操作其他CPU或GPU实例那样，对部署在公有云里的FPGA资源进行开发，并对自己的应用进行硬件加速。这种使用模式也被很多其他的互联网巨头和云服务提供商所广泛采用。

除此之外，电信网络提供商也开始使用FPGA作为硬件加速平台和NFV的实现载体，对网络功能进行卸载和计算加速，并推动电信网络朝着SDN进行架构转型。通过对FPGA的使用，大幅提高了软硬件资源的利用率，同时带来了系统性能的提升和功耗的下降，减少了部署和运行的成本。

与CPU或GPU相比，FPGA的开发难度与陡峭的学习曲线一直为开发者所诟病，这也在很大程度上限制了FPGA的广泛使用。为了解决这个问题，FPGA厂商与第三方公司都相继推出了各种FPGA加速卡产品，这在很大程度上降低了FPGA的开发和部署成本，从而进一步推动了FPGA的使用和发展。在今天，FPGA厂商已经从单纯提供FPGA芯片和底层开发工具，逐渐转变成提供基于FPGA加速卡和完整软件开发环境的全栈式解决方案。同时，第三方FPGA加速卡的出现，也极大地丰富了FPGA加速卡产品的可选择性，以针对不同应用场景下的用户需求。

另一方面，FPGA虚拟化技术也在不断提升和进步，这使得FPGA可以作为一个云中的虚拟加速资源而存在，使得开发者不用关心底层硬件的实现细节，只需专注于算法和应用的开发和实现。在后面的章节，我们会进一步探究FPGA当前的全新开发方法与工具，例如高层次综合，以及领域专用语言和开发等。

第3章

FPGA在人工智能时代的独特优势

灵活性是FPGA最重要的特点之一。人们可以把不同的硬件设计重复加载到FPGA里，这使得FPGA可以执行不同的硬件设计和功能。另外，人们也可以在FPGA的使用现场，动态地改变它运行的功能，这也就是所谓的"现场可编程"。事实上，使用者可以每隔几秒就改变一次FPGA芯片上运行的硬件设计，因此FPGA可以非常灵活地适用于各种应用。

在人工智能时代，对FPGA灵活性的需求被无限放大，这主要有两方面的原因：一方面，AI应用对硬件平台的算力提出了极高的需求，又同时要求硬件架构兼顾高能效、低延时、高吞吐、可伸缩等一系列特性；另一方面，AI应用和算法层出不穷，对训练和推断任务的系统需求也不尽相同。这样一来，就急需拥有强大处理能力、有极强灵活性的硬件，以满足AI应用的需求。

通过FPGA，人们可以快速开展定制化计算与对应芯片架构的研究和设计，同时也可以在最大程度上保持与现有的软硬件平台相互兼容。如果具体的应用场景或算法发展得太快，或者硬件规模太小，以致开发和使用ASIC的成本过于高昂时，也可以继续使用FPGA作为实现平台。当应用规模逐渐扩大时，就可以在合适的时机，选择将这些已经成熟的定制化硬件设计直接转化成定制化芯片，以提高它们的稳定性，并降低功耗和平均成本。

在本章，我们将详细介绍FPGA在人工智能领域的一些典型应用实例。首先，我们将深入分析微软的脑波项目，这个项目是使用FPGA构建实时AI系统的重要里程碑，它首次在云数据中心里大规模部署了FPGA，并将其用于深度神经网络(Deep Neural Network,DNN)的加速计算，因此对业界有着很好的启发和借鉴意义。此外，本章将从技术的角度，深入分析FPGA在人工智能时代的独特优势。最后，本章将讨论当前FPGA公司在AI领域的战略布局，以及FPGA技术在AI时代的发展方向。

3.1　实时AI处理：微软脑波项目

第2章详细介绍了微软的Catapult项目。这个项目取得的主要成就是搭建了一个基于FPGA的数据中心硬件加速平台，以及各种必要的软硬件基础设施。通过三个阶段的发展，微软成功地在其遍布全球的云数据中心里部署了成千上万的FPGA加速资源。从2015年末开始，微软就在其购买的几乎每台新服务器上部署来自Catapult项目的FPGA板卡。这些服务器被用于微软的必应搜索、Azure云服务以及其他网络服务和应用。

更重要的是，Catapult项目通过深入的学术研究和工程实践，为微软积累了丰富的FPGA开发、部署、运维的相关经验和人才。在人工智能快速发展的今天，使用Catapult平台进行AI应用的FPGA加速，就成了合理且自然的下一步。

人工智能的发展很大程度上归功于深度学习技术的发展。通过使用深度学习，我们在很多传统的AI领域取得了长足的进展，例如机器翻译、语音识别、计算机视觉等。同时，深度学习也可以逐步替换这些领域发展多年的专用算法。

这些巨大的发展和变革，促使人们思考它们对半导体行业和芯片架构的影响。对于微软来说，它们开始重点布局针对AI、机器学习、特别是深度学习的定制化硬件架构，这也就是脑波项目

(Project Brainwave)产生的主要背景。

3.1.1 FPGA资源池化的主要优点

与现有的其他FPGA云平台相比，Catapult平台的最主要特点就是构建了一个遍布全球的FPGA资源池，并能对资源池中的FPGA硬件资源进行灵活的分配和使用。相比其他方案，这种对FPGA的池化有着巨大的优势。

第一，FPGA池化打破了CPU和FPGA的界限。在传统的FPGA使用模型中，FPGA往往作为硬件加速单元，用于卸载和加速原本在CPU上实现的软件功能，因此与CPU紧耦合，严重依赖于CPU的管理，同时与CPU泾渭分明。

在Catapult平台里，FPGA一跃成为“一等公民”，不再完全受限于CPU的管理。在Catapult项目的FPGA加速卡中，FPGA直接与数据中心网络的TOR交换机相连，而不需要通过CPU和网卡进行数据转发。这使得同一数据中心，甚至不同数据中心里的任意FPGA可以直接通过高速网络互连和通信，从而构成FPGA资源池。管理软件可以直接对FPGA资源进行划分，而无须通过与资源池中每个FPGA互连的CPU完成，从而实现了FPGA与CPU的有效解耦。

第二，FPGA池化打破了单一FPGA的资源界限。从逻辑层面上看，池化FPGA架构相当于在传统的基于CPU的计算层之上，增加了一层平行的FPGA计算资源，并可以独立地实现多种服务与应用的计算加速。在微软的数据中心里，池化FPGA的数量级以10万记，而这些FPGA的通信延时只有10μs左右。

对于人工智能应用，特别是基于深度学习的应用来说，很多应用场景对实时性有着严格的要求，例如搜索、语音识别等。同时，微软有着很多富文本的AI应用场景，例如网络搜索、语音到文本的转换、翻译与问答等。与传统CNN相比，这些富文本应用和模型对内存带宽有着更加严苛的需求。

如果结合“低延时”和“高带宽”这两点需求，传统的深度学习模型和硬件的解决方法是对神经网络进行剪枝和压缩，从而减少模型的大小，直到满足 AI 加速芯片有限的硬件资源为止。然而，这种方法最主要的问题就是会对模型的精度和质量造成不可避免的损失，而且这些损失往往是不可修复的。

与之相比，Catapult 平台里的 FPGA 资源可以看成是“无限”的，因此可以将一个大的 DNN 模型分解成若干小部分，每个小部分可以完整映射到单个 FPGA 上实现，然后各部分再通过高速数据中心网络互连。这样不仅保证了低延时与高带宽的性能要求，也保持了模型的完整性，不会造成精度和质量损失。这便是微软脑波项目(Project Brainwave)的起因。

3.1.2 脑波项目系统架构

脑波项目的主要目标是利用 Catapult 的基础设施与大规模的池化 FPGA 资源，为没有硬件设计经验的用户提供深度神经网络的自动部署和硬件加速，同时满足系统和模型的实时性和低成本的要求。

为了实现这个目标，脑波项目提出了一个完整的软硬件解决方案，主要包含以下三点：

(1) 根据资源和需求对训练好的 DNN 模型进行自动区域划分的完整工具链；

(2) 对划分好的子模型进行 FPGA 和 CPU 映射的系统架构；

(3) 在 FPGA 上实现并优化的 NPU 软核和指令集。

图 3-1 展示了使用脑波项目进行 DNN 加速的完整流程。对于一个训练好的 DNN 模型，系统分析工具会首先将其表示为计算流图的形式，这也称为模型的“中间表示”(Intermediate Representation，IR)。其中，图的节点表示张量运算，例如矩阵乘

法等，而连接节点的边表示不同运算之间的数据流。

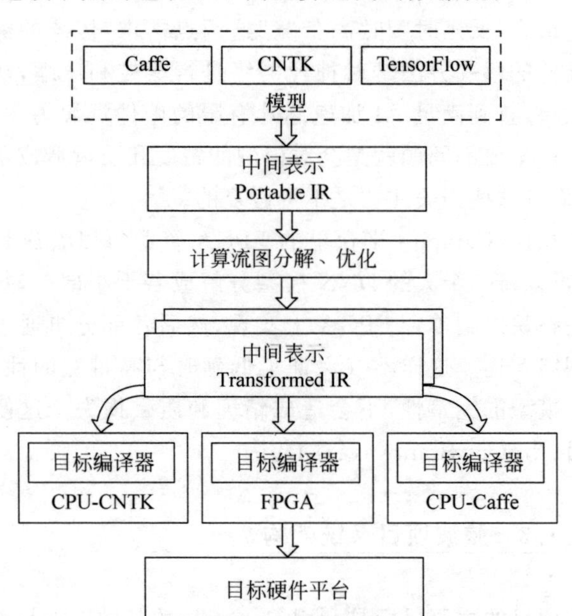

图 3-1　脑波项目的完整计算流程

计算流图表示完成后，工具会继续将整张大图分解成若干小图，使得每个小图都可以完整映射到单个 FPGA 上实现。对于模型中可能存在的不适合在 FPGA 上实现的运算和操作，则可以映射到与 FPGA 相连的 CPU 上实现。这样就实现了基于 Catapult 架构的 DNN 异构加速系统。

在 FPGA 上进行具体的逻辑实现时，为了解决前文提到的"低延时"与"高带宽"两个关键性需求，脑波项目采用了两种主要的技术措施。

第一，脑波项目完全弃用了板级 DDR 内存，取而代之的是全部数据都存储在 FPGA 芯片上的高速 RAM 之中。相比其他方案，不管使用 ASIC 还是 FPGA，这一点对于单一芯片的方案都是不可能实现的。在脑波项目所使用的英特尔 Stratix10 系列

FPGA 上，有着 11721 个 512×40b 的 SRAM 模块，相当于 30MB 的片上内存容量，以及在 600MHz 运行频率下 35Tbps 的等效带宽。如果只使用单一 FPGA，那么对于任何 DNN 应用，这 30MB 的片上内存都是完全不够的。但正是基于 Catapult 的超大规模 FPGA 的低延时互连，才将这些在单一 FPGA 上十分有限的片上 RAM 组成了看似“无限”的资源池，并极大地突破了困扰 DNN 加速应用已久的内存带宽瓶颈。

第二，脑波项目采用了自定义的窄精度数据位宽。这个其实也是 DNN 加速领域的常见方法。项目提出了 8～9 位的浮点数表达方式，称为 ms-fp8 和 ms-fp9。与相同精度的定点数表达方式相比，这种表达需要的逻辑资源数量大致相同，但能够表达更广的动态范围和更高的精度。与传统的 32 位浮点数相比，使用 8～9 位浮点表示的精度损失很小，如图 3-2 所示。值得注意的是，通过对模型的重新训练，就可以补偿这种方法带来的精度损失。

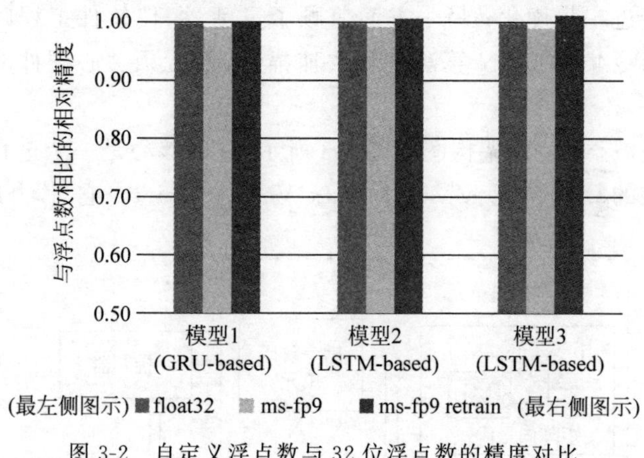

图 3-2 自定义浮点数与 32 位浮点数的精度对比

脑波项目的核心单元是一个在 FPGA 上实现的软核神经网络处理器 NPU，及其对应的 NPU 指令集。之所以采用软核 NPU 的方式，实质上是在高性能与高灵活性之间做出的折中。从宏观上看，DNN 的硬件实现可以使用 CPU、GPU、FPGA 或者 ASIC 等多种方式，然而它们又有着各自的优缺点。例如，CPU 有着最高的灵活性，但性能不尽如人意；ASIC 方案与之相反。目前来看，只有 FPGA 能够在性能和灵活性之间达到良好的平衡。这在前一章详细讨论过。

从微观上看，FPGA 方案本身对于 DNN 的实现也有多种方式。例如，既可以通过编写底层 RTL 的方式，直接对特定的网络结构进行针对性的优化，也可以采用高层次综合(HLS)的方法，通过高层语言对网络结构进行快速描述。但是，前者需要丰富的 FPGA 硬件设计与开发经验，并伴随着很长的开发周期；而后者由于开发工具的限制，最终得到的硬件系统在性能上往往很难满足设计要求。

鉴于此，微软采用了软核 NPU 与特定指令集的方式。这种方法一方面兼顾了性能，使硬件工程师可以对 NPU 的架构和实现方式进行进一步优化；另一方面兼顾了灵活性，使软件工程师可以通过指令集对 DNN 算法进行快速描述，而无须关心硬件的实现细节。

脑波 NPU 的架构图如图 3-3 所示，它的核心是一个进行矩阵向量乘的算术单元 MVU(Matrix Vector Unit)。它针对 FPGA

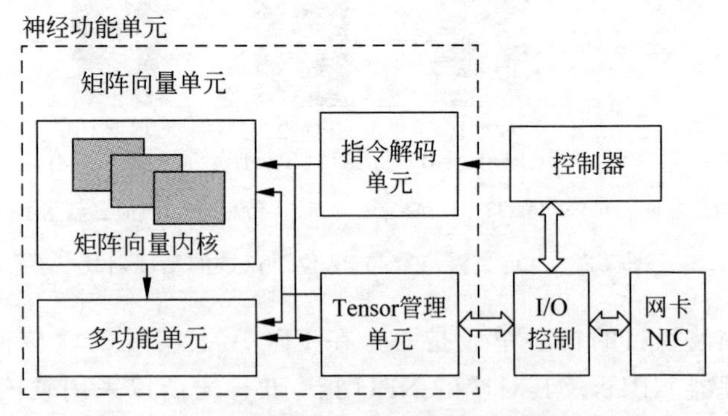

图 3-3　脑波项目中的神经网络处理器架构图

的底层硬件结构进行了深度优化，并采用了上文提到的“片上内存”和“低精度”的方法进一步提高系统性能。NPU 的最主要特点之一是采用了“超级 SIMD”的指令集架构，这与 GPU 的 SIMD 指令集类似，但是 NPU 的一条指令可以生成超过一百万个运算，等效于在英特尔 Stratix10 系列 FPGA 上实现每个时钟周期 13 万次运算。

3.1.3　脑波项目的性能分析

脑波 NPU 在不同 FPGA 上的峰值性能如图 3-4 所示，当使用 ms-fp8 精度时，脑波 NPU 在 Stratix10 FPGA 上可以得到 90 TFLOPS 的峰值性能，这一数据也可以和现有的 NPU 芯片方案相媲美。

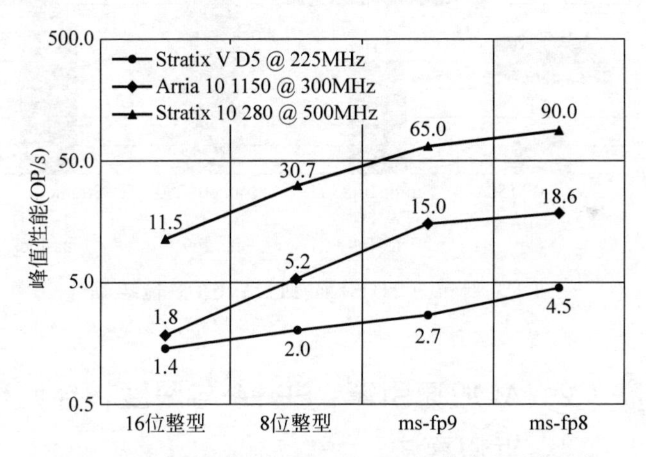

图 3-4　脑波项目在不同 FPGA 和不同精度的峰值性能

脑波项目还对微软的必应搜索中的 TuringPrototype（TP1）和 DeepScan 两个 DNN 模型进行了加速试验。由于必应搜索的严格实时性要求，如果使用 CPU 实现这两种 DNN 模型，势必要对模型的参数和规模进行大幅削减，从而严重影响结果精度。相比之下，脑波方案可以实现超过10倍的模型规模，同时得到超过10倍的延时缩减。

脑波项目在不同FPGA上的等效算力如图3-5所示。在Stratix10 FPGA的工程样片上，当脑波架构运行在300MHz的频率时得到的等效算力是39.5 TFLOPS，峰值算力是48 TFLOPS。预计在量产版的Stratix10上，稳定运行频率将达到550MHz，从而再带来83%的性能提升，以期达到将近90 TFLOPS。同时，Stratix10 FPGA的满载功耗约为125W，这意味着脑波项目可以达到720 GOPs/W的峰值吞吐量。

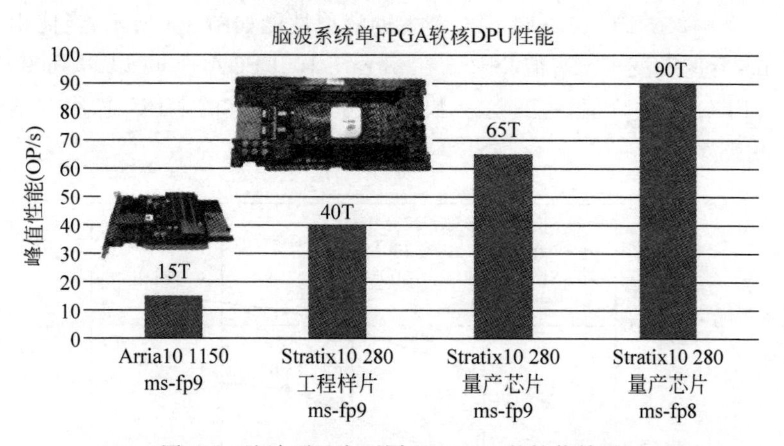

图3-5　脑波项目在不同FPGA上的性能结果

 3.2　AI加速引擎：FPGA与深度神经网络的近似算法

通常来说，AI系统的推断(Inference)是包括FPGA和ASIC在内的硬件加速器的主要应用领域。伴随着AI应用的爆发式发展，推断的应用场景也在不断丰富和变化。与AI训练往往在数据中心内进行不同，推断计算可以在数据中心、基站、自动驾驶汽车、

摄像头等多种多样的场景进行。因此，需要推断芯片有着更高的灵活性，同时对实时性、吞吐量、能效和成本有着更高的要求。

另一方面，AI推断对算力的需求并没有因为应用场景的丰富而妥协太多，此外，计算准确度也一直是评价AI推断系统的重要标准之一。作为当前AI训练的主力器件，GPU有着强大的并行浮点数运算能力，而且它的单指令多线程（SMIT）和单指令多数据（SIMD）架构决定了GPU非常适用于处理高密度的浮点数矩阵计算。然而，在推断计算中，这样高密度的浮点数运算势必会对系统的能效、实时性，以及数据的存储和移动造成很大压力，并很难满足在推断计算中不同应用场景的灵活性需要。因此，如何进一步降低深度神经网络推断的计算复杂度和数据的存储与访问需求，是学术界和工业界不断研究的方向。

越来越多的研究发现，在深度神经网络（DNN）中采用近似化的方法，可以在几乎不损失推断精度的情况下，极大地提升系统性能。到目前为止，业界常用的DNN近似化方法包括：用低精度定点数代替浮点数，网络剪枝，网络结构优化和压缩等。而GPU的SMIT和SMID架构并不适用于这些近似化后的低密度数据集，导致其性能优势丧失，再加上GPU高昂的功耗支出，从而使GPU无法满足此时系统对能效的综合要求。

相比之下，包括FPGA和ASIC在内的定制化硬件可以有效地实现上述DNN近似化方法，这也使得定制化硬件逐渐在AI推断计算中占据了主导地位。在上一章介绍过，FPGA与ASIC相比有着更强的灵活性，并在性能、功耗和开发成本上取得了良好的折中。近年来，FPGA技术和架构也在不断发展和演进。例如，在英特尔Stratix10系列和Agilex系列的FPGA上，集成了硬核浮点数DSP单元、大量片上内存单元，以及片外高速存储单元HBM等。再例如，在赛灵思的ACAP器件上，集成了专门用于AI推断计算的加速引擎。FPGA公司早已将人工智能应用看作公司未来的重要发展方向之一，并全力投入和布局，这部分内容将在下一节详细介绍。与此同时，由于高层次综合工具的不断进步和普及，FPGA 的易用性也有了极大的提升。因此，我们看到越来越多的研究和应用都在使用 FPGA 作为加速 DNN 推断的硬件平台。

在本节接下来的部分，将详细讨论几种常见的 DNN 近似算法，以及使用 FPGA 对其进行硬件加速的独特优势。

3.2.1 使用低精度定点数代替浮点数

使用低精度的定点数代替浮点数是一种最常见的 DNN 近似方法。这种方法的思路非常直接，就是在损失一部分理论精度的基础上，换取更加简单的硬件实现，从而获得更高的并行度、更高的吞吐量，以及更低的访存开销。

由于低精度定点数会不可避免地带来一定的精度损失，这个领域研究的热点之一就是如何在保持很高吞吐量和能效比的同时，尽量提升计算精度。在早期的研究中，每层网络都使用相同精度的定点数。由于每层权重的范围很可能不同，而且可能差别很大，这样会带来较大的截断和量化误差。因此这种方式在整体精度上的表现往往不尽如人意。为了应对精度损失，有研究提出以每层为单位，自动选择定点数精度。也有研究专注于改进数据表示的舍入方法，例如采用随机舍入算法（Stochastic Rounding）等。

这种使用低精度定点数代替浮点数计算的方法，特别利于 FPGA 的实现。一方面，FPGA 可以自定义数据总线的位宽，甚至可以采用单比特的数据表示方法。另一方面，FPGA 的 DSP 单元里包含了不同精度的定点乘加模块。例如，在现有的英特尔 FPGA 中，已经可以支持固化的定点数以及 FP32 浮点数计算。在 Agilex FPGA 中，又扩展支持了 FP8、FP16 和 BFLOAT16 运算，同时增加了 9×9 乘法器数量，以及乘法器的不同配置方式。这都使得 FPGA 在实现自定义精度 DNN 时有着比 GPU 和 ASIC 更灵活的优势。

例如,Nurvitadhi 等人在 2017 年的研究表明,与英伟达的 Titan X GPU 相比,在英特尔 Stratix10 FPGA 上使用 6 位定点数时,可以得到超过 50%的性能提升。此外,由于 FPGA 有着更低的能耗,此时 FPGA 的能耗达到了 GPU 的两倍,见图 3-6。

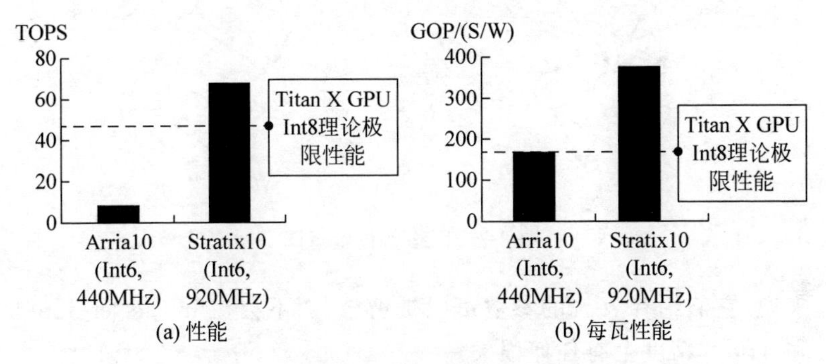

图 3-6 FPGA 使用 Int6 精度时的性能对比

3.2.2 网络剪枝

顾名思义,网络剪枝是去除 DNN 中多余连接的过程。这里的多余连接,既可以是多余的神经元,也可以是低权重的网络突触,如图 3-7 所示。通过网络剪枝,网络结构得到大幅简化,从而可以极大地减少神经网络的存储需求,并提高计算效率。

在网络剪枝领域最具代表性的工作之一,是深鉴科技联合创始人韩松在斯坦福期间完成的迭代剪枝方法。它借鉴了人类大脑发育过程中的神经元"剪枝"过程,并对每层网络迭代进行剪枝—再训练方法。这样,可以将神经网络进行大幅压缩。在韩松等人于 2015 年 NIPS 大会上的文章 *Learning both Weights and Connections* 中表示,使用 ImageNet 数据集时,这种剪枝方法可以将 AlexNet 和 VGG-16 的参数数量缩小到 1/9 和 1/13,并且没有精度损失。此外,对于 GoogleNet、SqueezeNet 和 ResNet-50 网络

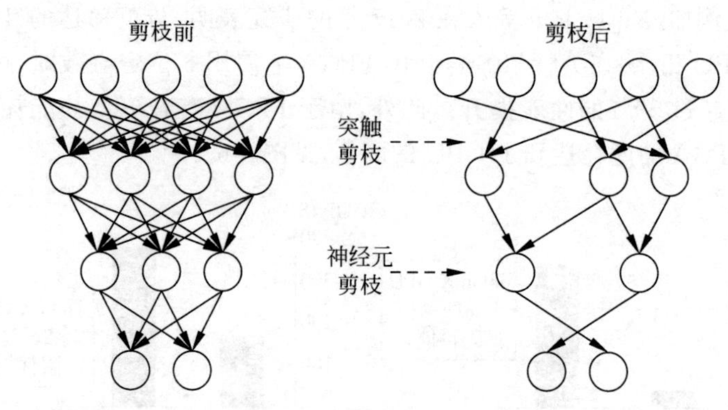

图 3-7　网络剪枝示意图

来说，它们约有 70%的参数可以被剪枝，而不会在 ImageNet Top-1 和 Top-5 精度上有任何损失。

剪枝会将原先的密集型网络转换成稀疏型网络。如前文所述，GPU 并不适合于对稀疏矩阵运算进行加速，而 FPGA 对此却非常合适。在 2017 年的 FPGA 国际研讨会上，韩松等人发表了名为 *ESE：Efficient Speech Recognition Engine with Sparse LSTM on FPGA* 的文章，介绍了一种利用 FPGA 加速稀疏 LSTM 模型的方法和硬件架构，特别是其中稀疏矩阵向量乘法和单元乘法器的设计方法。当该架构在赛灵思 Kintex UltraScale 器件上实现后，相比英特尔 Core i7 5930k CPU 和英伟达 Pascal Titan X GPU 分别可以得到 43 倍和 3 倍的性能提升。由于 FPGA 高能效的特性，本例中 FPGA 的能效比 CPU 和 GPU 分别高 40 倍和 11.5 倍。

3.2.3　深度压缩

深度压缩由韩松在 2016 年提出，它可以说是上述多种技术的集大成者。总体来说，深度压缩分三步进行，如图 3-8 所示。第一，先进行前面介绍的迭代剪枝方法，在保留精度的同时去掉低权重的网络分支。第二，进行权值量化和共享。这一步可以使多个连接共享相同的权重，这样就只需要保存有效权重及索引，而无须保存整个权重矩阵。此外，由于采用了共享权重，保存时也不需要很长的位宽。第三，采用了霍夫曼编码，对非均匀分布的权重进行进一步无损压缩。通过深度压缩算法，将 AlexNet 压缩了 97%，从 240MB 减少到 6.9MB；将 VGG-16 压缩了 98%，从 552MB 压缩到了 11.3MB。由于深度压缩出色的性能和学术贡献，这篇名为 *Deep Compression：Compressing Deep Neural Networks With Pruning，Trained Quantization and Huffman Coding* 也获得了 2016 年 ICLR 大会的最佳论文奖。

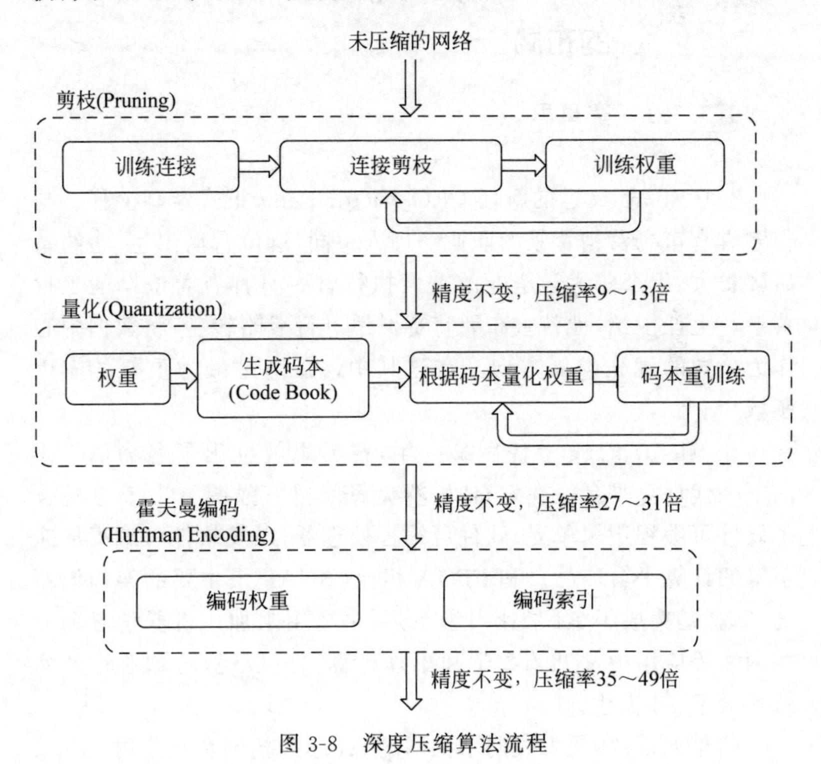

图 3-8　深度压缩算法流程

深度压缩带来的最直接的好处之一，就是大幅减少了内存的使用。一方面，减少了访存带来的延时和功耗开销，另一方面则可以将压缩后的参数信息完全保存在片上内存里，而无须借助片外存储器。这对于诸如 FPGA 的硬件加速单元来说具有重要意义。对于 FPGA 来说，它的片上内存有着很高的读存带宽，但容量较小；相比之下，虽然片外内存容量很大，但带宽相对较低，因此往往成为传统 DNN 加速应用中的性能瓶颈。有了深度压缩方法的加持，就可以进一步打破片外内存带宽造成的性能损失，通过利用 FPGA 的片上存储单元，大幅提升系统的能效。

3.3 下一个 Big Thing：FPGA 公司在 AI 时代的布局

3.3.1 赛灵思

2018 年，赛灵思的新任 CEO Victor Peng 正式走马上任。与很多具有市场营销背景的职业经理人不同，这位台湾出生、纽约皇后区长大、康奈尔大学毕业的首席执行官一直都有着浓厚的工程背景。上任伊始，他就宣布要将赛灵思进行战略转型，将数据中心作为公司的优先发展方向。在这其中，AI 则是最为重要的应用领域。

在 Victor Peng 上任后第一年，赛灵思就推出了名为 ACAP 的下一代计算平台。在发布时，赛灵思就再三强调 ACAP 是整合了硬件可编程逻辑单元、软件可编程处理器，以及软件可编程加速引擎的计算平台产品。和 FPGA 相比，ACAP 最主要的架构创新之一，就是集成了 AI 加速引擎系列，主要用来加速机器学习和无线网络等应用中常见的数学和矩阵计算。可以说，这款芯片产品就是为了 AI 而生。

同年七月，赛灵思收购了我国的 AI 芯片初创企业公司——深鉴科技，这距离深鉴科技刚完成的A+轮融资还不到9个月。作为国内的明星初创公司，深鉴科技在创立伊始就备受关注。深鉴科技最大的特点之一就是几位来自清华大学的创始人，他们有着深厚的学术背景，尤其是在FPGA和AI的交叉领域深耕多年，因此公司在学术研发方面有着过硬的实力。赛灵思一直是深鉴科技的FPGA提供商、主要合作伙伴和投资者，曾领投了深鉴科技的A轮融资。

2019年，赛灵思发布了Vitis设计软件，其中包含专门针对AI应用的面向软件的开发框架和库文件，并提供了一些预先训练和优化过的AI模型。包括来自深鉴科技的深度压缩、量化、剪枝等技术，以及深鉴科技的DNNDK开发框架，也被整合成为Vitis的AI优化器。

3.3.2 英特尔

和赛灵思相比，英特尔的FPGA业务只占它业务总量很小的一部分。从公司层面来看，英特尔在人工智能领域有着比赛灵思更为广阔的布局。由于错过了移动计算时代，人工智能芯片就成为了英特尔不能再错过的重要发展方向。特别是在数据中心领域，英特尔面临着巨大的挑战和压力。例如，英伟达的GPU已经基本占据了数据中心AI训练计算的垄断地位。与此同时，各大云数据中心巨头，如国外的谷歌、亚马逊、微软、脸书，以及国内的阿里、腾讯、百度等公司，都在相继研发深度学习加速芯片，并不断加大投入。对于英特尔来说，必须尽全力在最短的时间内占有最大的市场份额，以免重蹈移动计算时代失利的覆辙。

近年来，英特尔相继收购了多家AI芯片初创公司，例如专注于终端AI计算的Movidius、专注于无人驾驶的以色列公司Mobileye、专注于云端AI计算的Nervana和2019年完成收购的同样来自以色列的Habana Labs等。随着这几年的发展，这些公司已经逐渐成为了英特尔 AI 布局的重要推动力量。例如，近年来 Mobileye 连续多个季度取得创纪录的两位数增长，并成为英特尔增长速度最快的业务部门；Movidius 和 Nervana 相继推出了多款用于各自领域的 DNN 训练和推断 ASIC 芯片，如 NNP-I 和 NNP-T 等。在 2020 年初，英特尔更是决定大幅调整 AI 芯片路线图，将 Habana 的 Gaudi 系列 DNN 训练芯片和系统作为旗下 AI 芯片的主打方案。

英特尔在自己的传统优势项目——数据中心 CPU 领域，也在不断加入针对 AI 应用的加速模块和优化，例如在 Xeon 可扩展处理器中加速 AI 推断的“深度学习加速引擎(DL Boost)”。此外，英特尔还在加紧自研高性能独立 GPU 的步伐，并已经在多个场合宣传过旗下名为 Xe 的独立 GPU 产品。

英特尔的 AI 产品版图并不止于 CPU、ASIC 和 GPU。虽然 FPGA 对于英特尔整体业务的占比不大，但 FPGA 在 AI 领域的数据传输、计算和硬件加速等多个应用场景都有着重要意义。在 FPGA 领域，英特尔在 2019 年发布了新一代 FPGA 旗舰 Agilex 产品系列，其中包含了很多针对 AI 计算而优化的硬件单元，如可变精度 DSP 等，这在第 2 章中有详细介绍。

和赛灵思一样，英特尔的 FPGA 部门也在通过收购来扩展自己在 AI 领域的技术储备和竞争力。2019 年 4 月，英特尔收购了一家名为 Omnitek 的英国公司。虽然 Omnitek 的主营业务是开发和提供基于 FPGA 的视频和图像处理 IP，包括超高清视频图像的旋转、形变、3D 映射、编解码等，但这家公司在深度学习领域也颇有造诣。在 2018 年底，Omnitek 发布了一款自研的深度学习处理器(DPU)，与前文提到的微软 DPU 相比，Omnitek 的 DPU 有着自己独有的特点。

简单来说，用户可以使用 TensorFlow、Caffe 或者 OpenVINO 等主流机器学习框架构建的模型，或者是自己用高层语言编写的模型，通过 DPU 编译器生成特定的微代码(Microcode)，这与微软

DPU 采用数据流图的方式不同。这些微代码将被用来配置 FPGA 上的 DPU 数据处理流水线。

OmnitekDPU 的另一个主要特点是可以通过编程,调整对不同 DNN 拓扑的支持效率。通常来讲,某种 DNN 硬件加速器往往是针对某种特定的 DNN 拓扑设计的。以谷歌的 TPU 为例,它对于阿尔法狗所使用的 CNN 模型有着高达 78.2%的运行效率,平均性能也可以达到 86TOPS。然而对于另外的 CNN 模型,如 GoogleNet,谷歌 TPU 只能达到 46.2%的运行效率,性能也骤降至 14.1TOPS。由此可见,不同 CNN 模型对于单一硬件架构的实际性能有着很大影响。除 CNN 之外,诸如 RNN 和 MLP 等其他 DNN 拓扑有着和 CNN 明显不同的特点。随着人工智能理论研究的不断推进,想必会不断涌现出其他更加新颖的网络拓扑结构,如图 3-9 所示。因此,如果使用相同的硬件架构对这些 DNN 拓扑

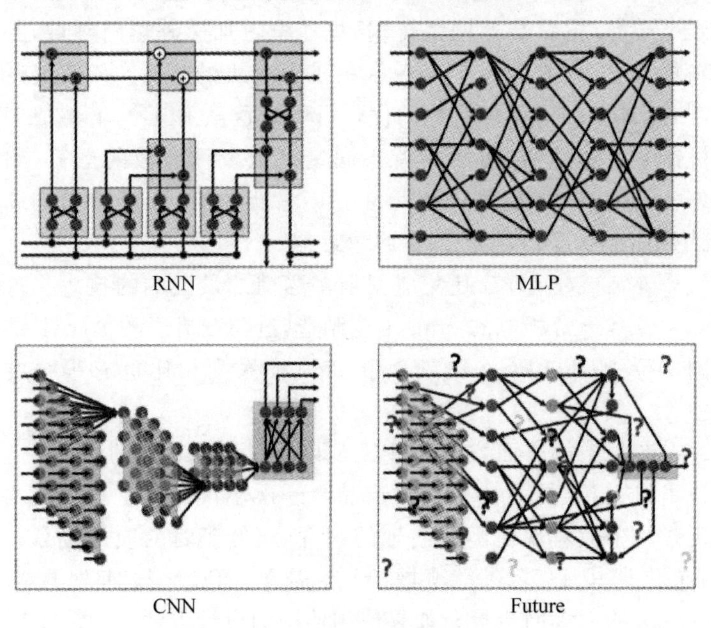

图 3-9 不同模型的网络拓扑

“一视同仁”，则必然不会得到满意的性能。对于这种情况，也只有FPGA能够快速调整硬件结构，以适应不同的网络拓扑结构，这是ASIC或GPU都无法实现的。

3.3.3 Achronix

和之前的两家老牌FPGA厂商相比，Achronix可以说是FPGA领域近年来冉冉升起的一颗“新星”。说是新星，其实这家总部位于美国硅谷Santa Clara的公司距成立至今已经有16年的历史。但就在这两年，Achronix取得了飞速发展，其季度营收从2016年第四季度的500万美元，一年后跃升至4000万美元，并成为当时世界上发展速度最快的半导体公司之一。

在2019年5月底，Achronix发布了名为Speedster7t的FPGA产品，主打高速网络传输、机器学习加速等热门领域，并有着和赛灵思、英特尔等FPGA巨头正面对决的势头。Speedster7t针对AI计算加速做了充分的优化，例如，这款FPGA上集成了多个机器学习处理器，可以支持不同定点数及浮点数的运算操作。此外，Speedster7t最多能集成300Mb片上内存，和英特尔的高端产品Stratix10 FPGA的内存容量近似。

另外，Speedster7t还集成了很多当前的最尖端的技术。这款FPGA将基于台积电的7nm工艺制造，这与赛灵思的ACAP芯片相同，与英特尔FPGA的新旗舰Agilex系列相比也有很强的竞争力。

在芯片架构方面，这款FPGA采用了遍布芯片的2D片上网络技术，这与赛灵思的ACAP产品再一次不谋而合。片上网络的出现是为了应对现在不断出现的高吞吐、低延时的应用场景。例如，在数据中心、5G等领域，已经需要FPGA线速处理高达400Gbps的以太网流量。如果使用传统的设计方法，需要1024位宽的数据总线，并运行在724MHz的时钟频率下才能满足带宽要求。此外,可编程逻辑单元往往需要从芯片的不同位置传输数据,包括片上和片外的存储器,以及特定的硬件加速模块,如机器学习加速器等。为了在片上进行大量数据传输和搬运,必须采用全新的片上网络技术。

在 Speedster7t 上采用了横向和纵向的 2D 片上网络,并使用 256 位宽的 AXI 总线实现,运行在高达 2GHz 的频率下,从而提供单路 512Gbps、总共 20Tbps 的片上网络带宽。除了满足带宽要求,通过使用片上网络还能将片上逻辑单元划分成相对粗粒度的区域,从而极大降低布局布线算法的复杂度,也能提高时序收敛的速度。

可以说,Achronix 历时 16 年的发展,从无到有、从小到大,直到今天拥有了能和两大 FPGA 巨头公司一较高下的技术储备和实力。它在 AI 时代的表现值得我们继续关注。

3.4 路在何方:FPGA 在 AI 时代未来的发展方向

人工智能和深度神经网络等算法的发展日新月异,相比 CPU、GPU 和 ASIC 而言,FPGA 有着独特的竞争优势。我们也应该看到,FPGA 及可编程逻辑技术也在不断更新和进步,以不断适应层出不穷的新算法、新应用和新要求。

例如,FPGA 的架构正在集成越来越多 AI 相关的硬件资源。如前文提到的,传统的 FPGA 片上 DSP 结构已经从单纯支持固定字长的定点数计算,扩展到支持多种精度的浮点数,以及可变精度的定点数等,可以根据具体需要进行灵活的配置。此外,AI 专用的加速引擎也被逐渐集成到 FPGA 和 ACAP 器件中。可以预见的是,会有更多专门针对 AI 加速的 FPGA 架构创新涌现出来,例如对矩阵运算和乘加运算的进一步支持,对访存的进一步优化,使用片上网络等方式对数据传输的吞吐量做进一步提升等。这些针对AI应用的FPGA架构革新，也是学术界和工业界研究的热点。

除了将AI加速单元以IP的形式集成到FPGA中，还可以将AI处理子系统与FPGA进行异构集成。例如，可以通过EMIB或芯片组桥接的方式，将FPGA和不同的AI加速芯片互连，并完成系统级整合，形成多芯片封装(Multi-Chip Package，MCP)的半导体器件。这样的异构系统可以将FPGA与ASIC的优势进行互补，并进一步提升系统性能，降低功耗和延时。此外，随着FPGA异构芯片的能效不断提升，将其用于DNN训练领域也会是一个重要的发展方向。

再好的芯片也离不开工具易用性的支持。相比CPU和GPU，FPGA开发难度大、调试困难、学习曲线陡峭一直都是制约其大范围推广的最重要原因。在人工智能领域，让软件工程师或算法专家学习并掌握高性能的FPGA开发方法是不现实的。因此，如何提高FPGA的易用性和开发效率，如何采用高层次语言对FPGA进行编程，如何对现有的人工智能IP进行封装和复用等，将是学术界和业界共同关注的热点问题。

目前，两大FPGA公司英特尔和赛灵思都选择支持基于OpenCL的FPGA高层次开发语言，并分别发布了自己的API和SDK开发工具。这在一定程度上降低了FPGA的开发难度，使得软件工程师可以使用自己相对熟悉的语言在FPGA平台上进行算法开发。尽管如此，软件开发者仍然需要了解基本的FPGA体系结构和设计约束，这样才能有效地指导和约束开发工具进行针对性的优化。此外，基于OpenCL的FPGA设计移植性并不好，并且严重依赖厂商提供的开发工具和底层模块，调试起来也有诸多困难。关于更多的使用高层次语言开发FPGA的问题与挑战，我们将在下一章进一步详细阐述。

除了OpenCL之外，英特尔还发布了基于OpenVINO(Open Visual Inference & Neural Network Optimization)的FPGA开发套件，它专门为计算机视觉应用进行优化，针对的是深度学习在边缘计算的应用场景。OpenVINO 最大的特点之一就是能支持英特尔的全栈视觉加速方案以及硬件平台，除了 FPGA 外还包括 CPU、GPU，以及 Movidius VPU 等，并支持多种深度学习框架。提出如 OpenVINO 这样的领域专用框架、语言、开发套件等，并使用 FPGA 作为硬件加速单元，这将会是业界接下来的重要发展方向。

我们也能看到，FPGA 在 AI 领域的应用也在逐步扩展到网络边缘和端点，例如智能安防、视频采集和处理、自动驾驶和机器人等。边缘计算＋人工智能一直是国内外初创企业切入市场的主要方法。通过使用 FPGA，可以直接在数据来源进行人工智能模型的推断和处理，并对相关计算进行硬件加速。这也是业界很多公司都在参与的热门领域。

3.5 本章小结

在诞生 30 年后，FPGA 在人工智能时代重新焕发了新生，这固然是由于 FPGA 本身的架构特点所决定，但更是因为人们对 FPGA 技术进行的不断迭代和创新。我们看到，人工智能技术，还有它在各个领域的应用，已经成为 FPGA 公司的战略发展方向。我们还看到，以微软为代表的软件和互联网公司也在积极拥抱 FPGA，并将其作为加速 AI 应用的重要引擎。可以想象，这些成果和进步只是一个开端，FPGA 一定会继续延续它发展的脚步，在人工智能时代继续创造新的成就。

第4章

更简单也更复杂——FPGA开发的新方法

美国加州大学洛杉矶分校的丛京生教授是 FPGA 学术研究领域的巨擘，他是多个高效的 FPGA 设计工具与算法的发明人，也成功地将其研究成果进行了商业转化，例如创立了 AutoESL 公司、Falcon Computing 公司等。丛京生教授在 2020 年亚太地区设计自动化会议（ASP-DAC）发表的主旨演讲中提到，他的整个学术生涯大致可以分成两个阶段：在 2009 年之前，他的研究主要侧重于面向硬件设计人员的电子设计自动化，也就是如何帮助硬件工程师更快更好地完成设计。而在过去的十年间，丛教授的主要研究方向已经转变成了面向软件工程师的可定制电路的电子设计自动化领域。之所以会有这样的方向转换，既是因为业界对可编程逻辑器件的需求不断升温，又因为开发 FPGA 伴随的诸多难点、痛点与挑战。

FPGA 作为一个“特殊”的芯片，经历了 30 多年的发展之后，目前已经成为了一个包含各种最先进电路、逻辑单元、接口、芯片封装、制造等技术的“集大成者”。在芯片硬件不断进化的同时，FPGA 的开发软件与设计工具也在不停地迭代和更新。一方面，FPGA 的设计工具一直在不断整合最先进的算法与创新成果，在基于硬件描述语言 HDL 的开发流程的基础上，逐渐演化出了基于高层语言的设计方法。这其中最有代表性的，就是所谓的高层次综合(High-Level Synthesis,HLS)技术。通过这些高层次设计方法,隐藏了 FPGA 的很多底层逻辑与实现细节,使得软件和算法工程师能够专注于应用于算法实现,这也在很大程度上使得 FPGA 的开发变得更加简单。

另一方面,这些 FPGA 的高层次设计工具也给使用者和研究者带来了很多难题。对于使用者来说,FPGA 的高层次设计并不完全像 CPU 或 GPU 的应用设计那样,可以使用任意语言、任意编程框架、任意设计模式。对于 FPGA 来说,它需要设计者在一定程度上了解 FPGA 以及它的内部架构,这样才能引导高层语言综合工具得到优化的系统性能,而这就使得 FPGA 的高层次开发变得更加复杂了。

在本章,我们将详细介绍近年来不断涌现的 FPGA 开发的新方法,以及这些方法对 FPGA 开发流程的影响。此外,本章还将介绍 FPGA 公司为了顺应这一趋势所推出的新型 FPGA 设计工具,以及 FPGA 的开发工具与开发方法在今后的发展方向。

4.1 难上加难:现代 FPGA 开发的痛点

随着 FPGA 发展到今天,它可能是有史以来最为复杂的半导体器件之一。例如,赛灵思在 2019 年发布的 Versal FPGA 包含 360 亿支晶体管;而英特尔发布的全球最大的 FPGA 器件,Stratix10 GX 10M 有 433 亿只晶体管、1020 万个可编程逻辑单元,以及 2304 个可编程 I/O 接口。

事实上,FPGA 的复杂度远远不能通过晶体管数量进行简单量化。这几百亿只晶体管,组成了大量可编程逻辑单元和查找表结构、数千个高性能运算单元、各种类型和大小的内存资源、高速串行 I/O 接口、多个嵌入式处理器,还有成百上千种不同功能的软核和硬核 IP 等。和其他芯片结构相比,FPGA 有着独特的可编程逻辑阵列,从而可以实现大规模的硬件并行和定制化的深度流水线，并带来极高的吞吐量、极低的功耗，以及各种对系统性能和效率的连锁收益。这也是 FPGA 架构最吸引人的地方。

然而，当所有这些硬件资源都被集成到一个芯片上时，就产生了一个重要的问题：用户该如何对这些硬件资源进行编程？

通常来说，当考虑一个具体应用的实现时，需要将其分解成在硬件上运行的部分，以及在软件上运行的部分。对于 FPGA，这种分解方式将会变得更加复杂，例如，哪部分要用可编程逻辑实现，哪部分要用片上的微处理器实现；如何合理地分配片上内存，当片上内存不足时如何优化使用片外内存；如何提升系统性能、吞吐量、时钟频率；如何对设计增加并行性、添加流水线等。

从这些例子就可以看出，设计一个高效的 FPGA 应用是一个极其复杂的工作。对于许多尝试使用 FPGA 的团队而言，这其中最大的挑战就来自于 FPGA 结构本身。当系统的软硬件架构确定下来，并开始进行实现时，开发团队就面临着设计复杂数字电路的严峻任务。而这个过程需要使用特定的硬件描述语言对电路逻辑进行建模，同时要求工程师对电路综合、逻辑映射、布局布线、时序收敛等各个环节都有丰富的经验。这一切的一切，都大大增加了 FPGA 设计的难度和门槛，也让很多团队望而却步。

如何降低 FPGA 的开发难度，一直是 FPGA 公司几十年来致力解决的重点问题。时至今日，包括英特尔和赛灵思在内的 FPGA 公司，负责 EDA 工具开发的工程师数量，都远多于开发 FPGA 芯片本身的工程师数量。除此之外，这些 FPGA 厂商还有着庞大的现场应用工程师大军，他们时刻准备着帮助客户解决各种 FPGA 的实际问题。同时，业界也出现了很多第三方的 FPGA 设计咨询公司、IP 提供商、外包公司等，它们挣钱的方式就是帮助客户尽可能地简化 FPGA 的开发过程。也就是说，为了应对 FPGA 复杂的编程性，业界已经发展产生了很多特定的分工。

当前，FPGA 正在不断进入各种快速扩张的市场，包括从边缘计算到云计算的加速、网络数据处理和存储的加速，以及各种嵌入式应用，例如5G和汽车市场等。然而，这些领域中的大多数开发团队都没有FPGA相关的设计专业知识和经验。更重要的是，在这些领域中，大多数的应用都是使用纯软件方法进行设计开发的，并越来越依赖人工智能技术的发展。这些都使得FPGA的开发难度被无限放大，也极大地阻碍了FPGA的进一步使用。

因此，业界都在期待FPGA的开发环境能够升级，使得特定领域的软件开发者能够高效地利用复杂的异构硬件，独立实现FPGA应用开发，且无须了解底层的电路结构和细节，也无须FPGA专家过多地介入开发过程。

4.2 让软件工程师开发FPGA——高层次综合

高层次综合，指的是将高层次语言描述的逻辑结构，通过EDA工具自动转换成低抽象级语言描述的电路模型的过程。所谓的高层次语言，包括C、C++、SystemC等，通常有着较高的抽象度，并且往往不具有时钟或时序的概念。相比之下，Verilog、VHDL、SystemVerilog等硬件描述语言，通常用来描述时钟周期精确（Cycle accurate）的寄存器传输级电路模型，这也是当前ASIC和FPGA设计最为普遍使用的电路建模和描述方法。

近十年来，HLS技术获得了大量的关注和飞速的发展，尤其是在FPGA领域。纵观近年来各大FPGA学术会议，HLS一直是学术界和工业界研究最集中的领域之一。究其原因，主要有以下几点。

第一，使用更高的抽象层次对电路建模，是集成电路设计发展的必然选择。集成电路伴随摩尔定律发展至今，其复杂性已经逐渐超过人类可以手工管理的范畴。根据NEC 2004年发布的研究，一个拥有100万逻辑门的芯片设计通常需要编写30万行RTL代码。因此，完全使用RTL级的逻辑抽象设计当代芯片是不现实的，并将对设计、验证、集成等各个环节造成巨大的压力。然而，使用像C、C++等高层语言对系统建模，可以将代码密度压缩到原先的10%～14%，压缩率高达7～10倍，这极大地缓解了设计复杂度。

第二，高层语言能促进IP重用的效率。传统的基于RTL的IP往往需要定义固定的架构和接口标准，在IP重用时需要花费大量时间进行系统互连和接口验证。相比之下，高层语言隐藏了这些要求，转而由HLS工具负责具体实现。对于FPGA而言，现代FPGA里有着大量成熟的IP单元，如嵌入式存储器、算术运算单元、嵌入式处理器，以及最近逐渐兴起的AI加速器、片上网络系统等。这些FPGA的IP单元有着固定的功能和位置，因此可以被HLS工具充分利用，在提升IP重用效率的同时，简化综合算法，提高综合后电路的性能。

第三，HLS能帮助软件和算法工程师参与和主导芯片或FPGA设计。这是由于HLS工具能封装和隐藏硬件的实现细节，从而使软件和算法工程师能专注于上层算法的实现。对于硬件工程师而言，HLS也能帮助他们进行快速的设计迭代，并专注于对性能、面积或功耗敏感的模块和子系统的优化设计。

4.2.1 FPGA高层次综合的前世今生

伴随集成电路的复杂性的飞速增长，芯片设计方法学也在不断演进。早在FPGA出现之前，人们就已经开始尝试摆脱依靠人工检视芯片版图的设计方法，转而探索使用高层语言对电路逻辑进行行为级描述，并通过自动化工具将电路模型转化为实际的电路设计。在20世纪80～90年代，面向集成电路设计的HLS工具就已经是学术界研究的热点。这其中比较有代表性的工作，包括卡耐基梅隆大学的CMU-DA（Design Automation）工具，以及加拿大卡尔顿大学提出的force-directed调度算法等。

从现在来看,这些工作为当前的电路综合算法打下了基础,并为后来 HLS 研究提供了很多宝贵的经验和借鉴。然而,这个阶段的 HLS 工作在成果转化方面十分失败,并未有效地转化成工业实践。一个最主要的原因,就在于"在错误的时间,遇上了对的人"。

当时正值摩尔定律蓬勃兴起的时期,集成电路设计正在经历史上最大的变革。在后端,自动布局布线已经逐渐成为主流;在前端,RTL 综合也在逐渐兴起。传统电路设计工程师都纷纷开始采用基于 RTL 的电路建模方法,取代传统的基于原理图和版图的设计,并由此带来 RTL 综合工具的飞速发展。相比之下,这个阶段的 HLS 研究往往使用了特殊的编程语言,如 CMU-DA 采用的名为"ISPS"的语言,因此很难获得那些正在和 RTL 处于"蜜月期"的工程师们的青睐。

伴随着一段时间的沉寂,HLS 在 2000 年之后再次开始获得学术界和工业界的关注,比较有名的工具包括 Bluespec 和 AutoPilot 等。主导这一变化的主要原因是,HLS 工具开始将 C/C++作为主要的目标语言,从而被很多不了解 RTL 的软件工程师与算法工程师所逐渐接受。同时,HLS 工具综合生成的结果也有了长足进步,在某些应用领域甚至可以达到和人工手写 RTL 近似的性能水平。

此外,FPGA 的逐渐兴起也对 HLS 的发展起到了重要的助推作用。和 ASIC 设计不同,FPGA 有着固定数量的片上逻辑资源。因此 HLS 工具不用过度纠结于 ASIC 设计中面积、性能和功耗的绝对优化,而只需要将设计合理地映射到 FPGA 的固定架构上即可。这样,HLS 就成为了在 FPGA 上快速实现目标算法的绝佳方式。

时至今日,高层次综合技术取得了进一步的发展。大型 FPGA 公司都推出了各自的 HLS 工具,如赛灵思的 Vivado HLS 和英特尔的 HLS 编译器、OpenCL SDK 等。在学术界也有诸多成果涌现,如多伦多大学的 LegUp 工具等。

4.2.2 高层次综合的主要工作原理：以 AutoPilot 为例

AutoESL 公司的 AutoPilot 工具，可以说是 HLS 领域最为成功的学术成果转化案例。AutoPilot 源自于 UCLA 丛京生教授主导的 xPilot 项目，丛京生随后与当时负责该课题的博士生张志如（现任康奈尔大学副教授）一起创办了 AutoESL 公司，并在 2011 年被赛灵思收购，成为了之后的 Vivado HLS。

AutoPilot 的工作流程框图如图 4-1 所示。在前端，它使用了基于 LLVM 的编译器架构，能够处理可综合的 ANSI C、C++，以及 OSCI SystemC 等语言编写的模型。这个名为 llvm-gcc 的前端编译器会将高层语言模型转换为中间表达式（IR），并进行一系列

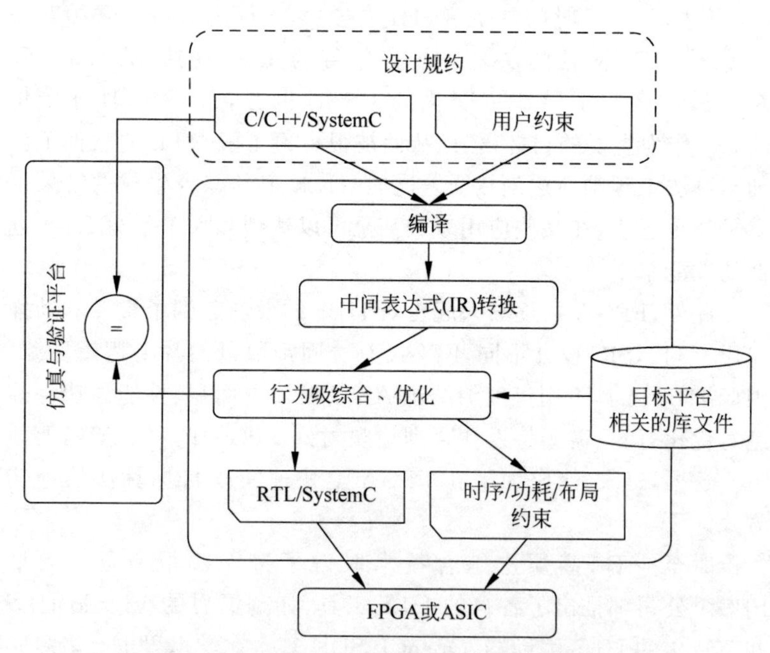

图 4-1 AutoPilot 高层次综合工具的工作流程框图

针对代码复杂度、冗余、并行性等方面的代码优化。然后，再根据具体的硬件平台，综合生成 RTL 代码、验证与仿真环境，以及必需的时序和布局约束等。

AutoPilot 的成功之处在于，它的 HLS 结果在某些应用领域完胜人工优化 RTL 取得的结果。例如，在一个无线 MIMO 系统中使用的 Sphere 解码器 IP 中，AutoPilot 将 4000 行 C 代码算法成功综合到赛灵思 Virtex5 系列 FPGA 上，运行在 225MHz，并取得了比赛灵思 Sphere 解码器 IP 更少的逻辑资源使用量，见表 4-1。这个结果放在现在也令人十分震撼，它很好地证明了 HLS 有潜力取得比 RTL IP 更为出色的性能。

表 4-1 AutoPilot 工具运行结果比较

	RTL 专家	HLS 专家	差别(%)
LUTs	32708	29060	−11
寄存器	44885	31000	−31
DSP48s	225	201	−11
BRAMs	128	99	−26

4.2.3 高层次综合工具常用的优化方法

高层次综合工具需要统筹考虑各种电路设计的主要指标，如性能、功耗、面积等，同时也要兼顾工具本身的性能，例如占用的资源和运行时间等。因此，在开发 HLS 工具时，要额外考虑和采用更多的优化方法，而这些优化方法也是当今学术界和工业界在 HLS 领域重点研究的方向。总的来说，HLS 工具的主流优化方法有以下几种。

第一，字长分析和优化。FPGA 的一个最主要特点就是可以使用任意字长的数据通路和运算。因此，FPGA 的 HLS 工具不需要拘泥于某种固定长度(如常见的 32 位或 64 位)的表达方式，而可以对设计进行全局或局部的字长优化，从而达到性能提升和面积缩减的双重效果。然而,字长分析和优化需要HLS的使用者对目标算法和数据集有深入的了解,这也是限制这种优化方式广泛使用的主要因素之一。

第二,循环优化。这种优化方法的主要目的,是把高层软件中原本顺序执行的循环语句,有效映射到硬件结构中,实现并行执行。循环优化的最终目标,就是尽量将循环里两次相邻的操作以最小的时延实现。理想情况下,相邻的循环操作可以完全并行执行,然而,由于硬件资源的限制,以及更多的是循环间存在嵌套和依赖关系,很难将循环完全展开。因此,如何优化各种循环,以实现最优的硬件结构,就成为了学术界和工业界最为关心的要点。

循环优化一直是HLS优化方法研究的重中之重。当前,一个比较流行的循环优化方法,就是所谓的多面体模型,即Polyhedral Model。多面体模型的应用非常广泛,在HLS里主要被用来将循环语句以空间多面体表示(见图4-2),然后根据边界约束和依赖关系,通过几何操作进行语句调度,从而实现循环的变换。

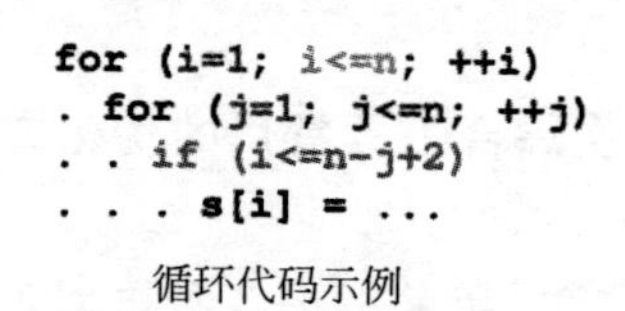

循环代码示例

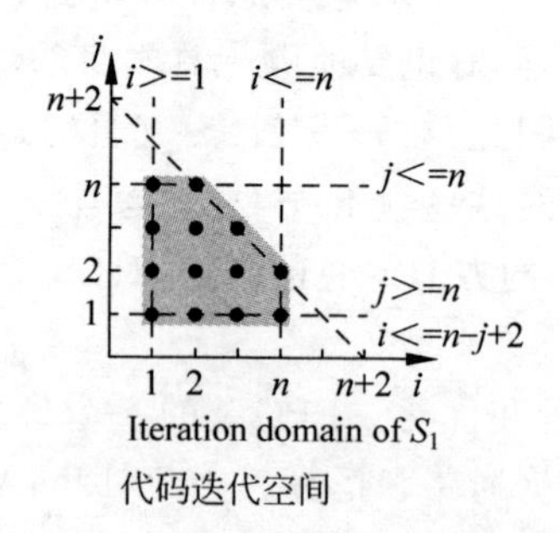

代码迭代空间

图4-2 多面体模型建模示例

关于多面体模型的细节，由于篇幅所限在本书不再展开。需要指出的是，多面体模型在 FPGA 的 HLS 研究里已经取得了相当的成功，很多研究均证明多面体模型可以帮助实现性能和面积的优化，同时也能帮助提升 FPGA 片上内存的使用效率。

HLS 工具的第三种优化方式，就是对软件并行性的支持。高层语言 C/C++与 RTL 相比，前者编写的程序被设计用来在处理器上顺序执行，而后者可以通过直接例化多个运算单元，实现任务的并行处理。随着处理器对并行性的逐步支持，以及如 GPU 等非处理器芯片的兴起，C/C++也开始逐渐引入对并行性的支持。例如，出现了 pthreads 和 OpenMP 等多线程并行编程方法，以及 OpenCL 等针对 GPU 等异构系统进行并行编程的 C 语言扩展。因此作为 HLS 工具，势必要增加对这些软件并行性的支持。例如，多伦多大学提出的 LegUp 工具就整合了对 pthreads 和 OpenMP 的支持，从而可以实现任务和数据层面的并行性。

4.2.4 高层次综合的发展前景

高层次综合方法经过十数年的发展，涌现出了如 AutoPilot、OpenCL SDK 等 FPGA HLS 的商业化成功案例。然而，高层次综合距离完全替代人工 RTL 建模还有很长的路要走。对于 FPGA 而言，内存瓶颈一直是制约系统性能的重要因素。除片上的各类 BRAM 之外，还有各类片外存储单元，如 DDR、QDR，以及近年兴起的 HBM 等。因此，如何有效利用片上和片外各类存储单元一直是 HLS 的研究热点。

此外，对于高层次综合工具生成结果的等效性、仿真和调试的方法也需要进一步探索。在等效性方面，可能需要采用形式化的方法，证明 HLS 生成的 RTL 代码与高层次代码在逻辑功能上等效。当需要进行软硬件的协同仿真、调试时，高层次综合工具应该提供相关的测试环境、用例、脚本、调试方法等。当硬件出现问题时，如何自下而上地进行调试，并寻找和发现高层次代码中的漏洞，也需要有成熟的方法论作为支持。

近年来，越来越多的研究开始专注于特定领域（Domain Specific）的编程语言和对应的高层次综合方法，例如近年来非常热门的 P4 语言，即 Programming Protocol-Independent Packet Processors，就是针对网络数据包领域的高层编程语言。P4 语言诞生于 2014 年，由一家名为 Barefoot 的初创公司联合英特尔、谷歌、微软以及斯坦福大学和普林斯顿大学共同起草发布并开源。而 P4 背后的主要设计者，则是斯坦福大学教授 Nick McKeown，见图 4-3，他是软件定义网络（Software Defined Network，SDN）的提出者和先驱，先后发起成立了开放网络基金会（ONF），以及负责制定 P4 标准的 P4. org。在 Barefoot 公司内，他是联合创始人和首席科学家。

图 4-3　P4 语言的主要设计者之一 Nick McKeown 教授

发明 P4 语言的主要目的是为软件定义网络（SDN）的数据平面提供协议无关的可编程能力，例如包头解析、匹配、表项配置等。众所周知，网络数据包处理是 FPGA 的传统优势领域，而 SDN 与网络功能虚拟化等最近正蓬勃发展的网络应用，则是 FPGA 未来的应用领域之一,这在之前的章节已经详细介绍过。当这二者结合在一起,就需要有新型的FPGA开发工具,对P4等高层语言进行编译和支持。目前,赛灵思与英特尔都已经发布了自己对P4的FPGA编译器,使设计者可以通过P4语言直接在FPGA上生成高性能数据包处理流水线。2019年,英特尔宣布收购Barefoot公司,Nick McKeown也成为了英特尔的资深院士(Senior Fellow)。

随着人工智能的发展,业界也出现了很多专门为AI应用而生的Python高层次综合工具。例如,在2019年的FPGA国际研讨会上,UCLA丛京生教授课题组与康奈尔大学张志如副教授课题组再次强强联合,他们合作的文章*HeteroCL:A Multi-Paradigm Programming Infrastructure for Software-Defined Reconfigurable Computing*获得了大会的最佳论文奖。这个工作提出了一个名为HetroCL的领域专用语言和编程模型,它基于Python,专门为图像处理和机器学习应用而进行针对性的优化。和之前介绍的HLS工作类似,这个高层次编程框架在很大程度上降低了FPGA的编程难度,并有效解决了当前的一些高层次综合工具存在的问题与痛点。

具体来说,目前的高层次综合工具的使用体验并没有想象中那么简单有效,可以说是“理想很丰满,现实很骨感”。虽然算法和模型可以使用C、OpenCL等高层语言进行编写,但如果直接对这些软件代码进行综合,大多数情况无法取得令人满意的结果。因此,为了达到最优的硬件性能,开发者仍然需要对底层FPGA的硬件架构有着清楚的了解,按硬件设计的思路编写软件代码。在此基础上,还需要通过一些特殊的预处理指令(Pragma)指导HLS编译器达到期望的硬件结构。这个过程都需要开发者手动完成,而这会极大影响开发效率与代码的可读性。在很多情况下,通过这些处理之后的代码与源代码都有着很大区别。图4-4就展示了一个点积函数的源代码以及为了HLS优化后的代码,可以清晰看到二者的不同。

```
1 #define N = 1024
2 #define BATCH = 32
3 #define MB = 64  /* off-chip memory bandwidth */
4 #define DW = 32  /* bitwidth of the data element */
5 #define PAR = 8  /* parallelization factor */
6
7 typedef MType ap_uint<MB>;
8 void host_sw(float A[N], float B[N], float& sum){
9   for(int i = 0; i < N; i += BATCH) {
10    MType* vec_A;
11    MType* vec_B;
12    pack(A + i, vec_A);
13    pack(B + i, vec_B);
14    sum += dot_product(vec_A, vec_B);
15  }
16 }
```

(a) Host program

```
1 typedef DType fixed<DW, 2>;
2
3 DType dot_prodcut(MType* vec_A, MType* vec_B) {
4   DType local_A[BATCH], local_B[BATCH];
5   #pragma HLS partition variable=local_A factor=PAR
6   #pragma HLS partition variable=local_B factor=PAR
7   unpack(vec_A, local_A); unpack(vec_B, local_B);
8
9   DType psum = 0;
10  for (int i = 0; i < BATCH/PAR; i++)
11    #pragma HLS pipeline II=1
12    for (int j = 0; j < PAR; j++)
13      #pragma HLS unroll
14      psum += local_A[i*PAR+j] * local_B[i*PAR+j];
15  return psum;
16 }
```

(b) Optimized HLS code

图 4-4　HLS 代码优化前后的对比

为了解决这个问题，这项工作提出的 HetroCL 框架能够将算法描述与底层硬件结构完全解耦，使得算法设计师和软件工程师不需要关心底层硬件的数据类型、计算单元实现，以及存储器架构的优化等。

可以看到，通过使用特定领域的高层次综合技术，可以进一步对工具进行领域的针对性优化，也能大幅提升系统性能，减少面积和功耗。面向特定领域的高层次综合算法的优化与设计，也将会是高层次综合领域未来发展的重要方向之一。

4.3　商业级开源开发工具：赛灵思 Vitis

在 2019 年 10 月举办的赛灵思开发者大会（XDF）上，赛灵思发布了一款名为“Vitis”的软件框架。赛灵思表示，Vitis 历经 5 年打造，总共花费了 1000 人・年（即 1 名工程师全职工作 1 年）的工作量。换句话说，假设赛灵思自 1984 年成立之日起就开始 Vitis 的设计工作，那么也需要至少 28 名工程师在 35 年的时间里全职为 Vitis 编写代码。虽然这是玩笑，但从中也能看出赛灵思为 Vitis 投入的巨大工程量。

Vitis 工具面向的是软件开发者。它位于 Vivado 工具套件的上层，用来为软件开发者提供设计、调试和运行 FPGA 的一系列必要组件。Vitis 并没有强制开发者使用固定的 IDE，与之相反，它可以被插入到很多常见的软件开发工具和框架中，并依靠一系列硬件加速库连接底层的赛灵思的生态系统。赛灵思强调，这些库和硬件 IP 都是开源的，尽管这里的"开源"是指专门为赛灵思自身的硬件架构设计的，即在竞品上使用这些开源库和 IP 可能会很困难，但这也被业界看作是一个大胆的举措。

Vitis 的架构示意图如图 4-5 所示。其中，Vitis 的核心开发工具包(Core Development Kit)包括编译器、分析器和调试器，它们位于运行库之上。运行库负责管理各种硬件加速计算和子系统。在框架的最底层，是硬件相关的目标平台，它根据目标 FPGA 器件或开发板定义了基本软硬件架构及应用环境，包括存储器接口、自定义 I/O 接口、数据传输协议和接口等。

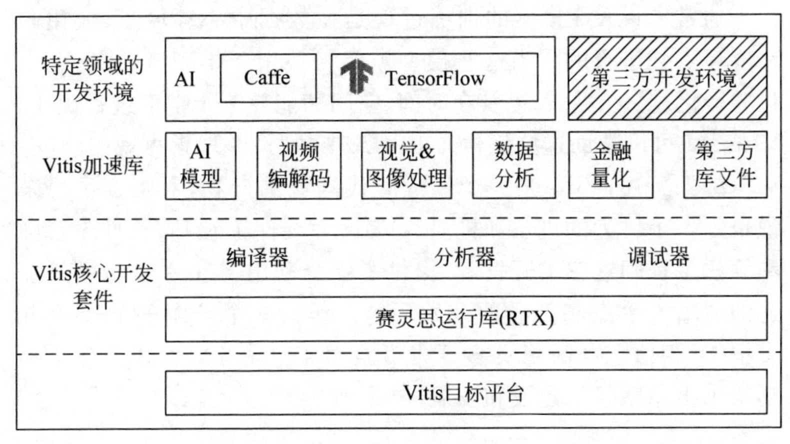

图 4-5　Vitis 架构示意图

在核心开发工具包之上，就是硬件加速库(Accelerated Libraries)，它由针对不同应用领域的 8 个子库组成，分别对应 AI 模型、视频编解码、视觉与图像处理、数据分析、金融量化、基础线性代数计算、求解器，以及数据库操作。这 8 个子库总共包含 400

多个预先优化的开源应用，能极大地减轻这些领域应用开发的难度，降低开发时间。对于软件工程师和算法工程师而言，他们可以根据这些硬件加速库，很快地对算法和应用进行高层次建模，并直接利用底层的可编程逻辑器件对这些应用进行硬件加速。

这些硬件加速库中适合 FPGA 硬件实现的部分，在底层已经完成了 RTL 实现、调试、综合、映射、布局布线和时序收敛的工作，在调用时这些步骤会自动在后端进行。对外则以开源 C/C++ 函数或 API 的形式分发，并已经为赛灵思 HLS 编译器进行过了预先优化。因此，软件和算法开发者无须关心这些函数和功能的底层硬件实现。

在 Vitis 顶层，则是针对特定领域的开发环境。以 AI 为例，它支持 TensorFlow、PyTorch 和 Caffe 等标准 AI 框架，并提供了一些预先训练和优化过的 AI 模型。

通常来说，AI 模型的训练过程是在数据中心环境里，使用高精度浮点数进行的。当这些模型被部署并用于推理时，往往会经过并行化、量化、剪枝，以及在时间、空间和能耗三个维度进行优化。Vitis AI 可以帮助这些优化在 FPGA 上执行，并取得可观的改进。

综上所述，Vitis 是一个顺应时代潮流的产物，对于赛灵思来说也是一个巨大的进步和机遇。Vitis 为硬件工程师、软件工程师和算法工程师这三类开发者，提供了一个利用 FPGA 进行硬件加速的清晰入手点和熟悉的开发环境。作为一个开源的 FPGA 开发框架，相信它会吸引更多开发者投身 FPGA 设计，并进一步推动整个生态系统的建设和发展。

4.4 一个晶体管也不能少：英特尔 oneAPI

早在 2018 年底，英特尔的芯片首席架构师 Raja Koduri 就对外公布，英特尔正在全力开发一个名为 oneAPI 的软件编程框架，并将以此为基础，整合英特尔旗下包括 CPU、GPU、ASIC 和

FPGA 在内的各种芯片产品，并构建英特尔完整的软硬件生态布局。

顾名思义，oneAPI 旨在提供一个适用于各类计算架构的统一编程模型和应用程序接口。应用程序的开发者只需要开发一次代码，就可以让代码在跨平台的异构系统上执行。oneAPI 的口号是“No transistor left behind”，即“晶体管一个也不能少”，这也很形象地总结了 oneAPI 的终极目标。

oneAPI 希望解决的主要问题，就是简化异构系统的可编程性。在前面的章节介绍过，应用程序的跨平台优化一直是业界研究的热点和重点之一。因此，英特尔希望通过 oneAPI 提供一个通用、开放的编程体验，让开发者可以自由选择架构，无须在性能上做出妥协。同时，使用统一的编程环境和开发平台，也能极大降低使用不同的代码库、编程语言、编程工具和工作流程所带来的复杂性。

具体来说，英特尔将旗下的芯片架构分成了 SVMS 四类：

- 标量架构（Scalar）：CPU；
- 矢量架构（Vector）：GPU；
- 矩阵架构（Matrix）：AI 芯片；
- 空间架构（Special）：FPGA。

这四类架构分别有各自的优势和适用范围，同时也有着各自的编程模型和方法。以 FPGA 为例，FPGA 的硬件可编程性一直是它最主要的特点之一，也是 FPGA 与其他硬件加速器的差异化所在。然而，如前文所述，对 FPGA 进行编程远远没有想象中那么简单。这其中最大的难点，就是要使用硬件描述语言对电路进行寄存器传输级建模，而且这种建模往往在比较低的抽象程度里进行。FPGA 开发者需要将目标算法进行分解、并行化、设计流水线，使其成为一个个数据通路或控制电路，同时还要设计数据的存储和读取方式、各种时钟域的同步，进行时序收敛等诸多优化，以符合系统的功耗、吞吐量、精度、面积等需求。这还不包括电路仿真、调试，以及在软件层面需要做的一系列工作。

这样，为了做出一个真正优化过的 FPGA 设计，往往需要一个有着丰富设计经验的团队协同合作。而就算有这样的团队，在处理一个再常见不过的 for 循环嵌套时，都可能花费长达数月的时间进行 FPGA 的硬件实现与性能调优。这并非危言耸听，只需要看一下过去几年里，各类 FPGA 国际会议和期刊上有多少关于 FPGA 循环展开与优化的论文就可见一斑了。

为了应对 FPGA 的设计复杂度过大的问题，业界通常有两种方法：第一，尽量将优化过的硬件设计封装成 IP，让使用者直接调用；第二，使用高层次综合的方法，直接将高层语言描述的模型转化为 FPGA 硬件。

高层次综合的主要问题是，它设计的初衷是为了服务硬件工程师，而非软件和算法开发者。因此，起码到目前为止，在业界取得成功的高层次综合工具仍然需要使用者有着丰富的硬件知识。在数字电路工程师手中，高层次综合工具已经被证明可以极大地缩短设计周期，有时甚至可以得到近似或优于人工优化过的 RTL 代码。然而对于没有硬件背景的软件工程师来说，通过高层次综合设计 FPGA，就好比让 C 罗去湖人队打篮球，固然噱头十足，但恐怕很难得到令人满意的成绩。

oneAPI 在很大程度上可以看作是高层次综合的扩展，但它的主要目标受众则是软件和算法工程师，这也将成为 oneAPI 与其他高层次综合工具的最主要区别。oneAPI 提供了一个统一的软件编程接口，使得开发者可以随意在底层的 SVMS 硬件架构之间进行切换和优化，而无须关心具体的电路结构和实现细节。

具体来说，oneAPI 的核心是一个名为 Data Parallel C++（DPC++）的编程语言。DPC++ 本质上是 C++ 的扩展，增加了对一个名为 SYCL 的抽象层的支持。SYCL 由 Khronos 组织开发，它原本针对 OpenCL 开发，使得用户可以直接用简洁的 C++ 对 GPU 等进行设计，而无须被 OpenCL 限制。

除了编程接口外，oneAPI 还会包含一个完整的开发环境、软件库、驱动程序、调试工具等要素，并且这些加速库都已经针对底层硬件进行了优化设计。这种基于优化过的加速库的设计，和赛灵思的 Vitis 系统有着异曲同工之妙，而这也代表了业界发展的方向。现如今，生态为王，为了掌握生态和吸引开发者，就必须尽可能多地提供各类开发库和 IP，以便开发者专注于应用开发，避免重复造轮子。

为了支持 SVMS 四大类硬件架构，oneAPI 实际上给自己设置了非常高的目标。英特尔已经在 2019 年第四季度发布了 oneAPI 的开发者测试版。除了基本开发工具包之外，英特尔还发布了针对高性能计算、深度学习、物联网，以及视觉和视频等四种领域专用的开发工具包，以期为这些特定的应用进行针对性的优化。在当前的版本中，开发者仍然需要在 SVMS 四大类中手动指定目标器件类别。但除此之外，oneAPI 就会自动对目标器件的子类别进行优化。

4.5 本章小结

业界普遍认为，英伟达和 GPU 之所以在人工智能时代取得了非凡成功，很大程度上得益于它对 GPU 编程方法和环境易用性的提升。与之相比，FPGA 虽然也在不断扩展自己的应用范围，并在单位功耗的性能上相比 GPU 有着明显优势，但是 FPGA 的编程模型还是以硬件工程师进行 RTL 开发为主，而这种开发方法对于软件和算法工程师来说非常不友好。

随着高层次综合理论和工具的不断发展，FPGA 的高层次综合将会是业界发展的必然趋势。我们可以看到，像 Vitis 和 oneAPI 之类的高层次设计工具也在不断发展和成熟。在某种意义上，这些高层次设计工具，类似于英伟达在多年前对 CUDA 所做的那样，将进一步允许普通的软件工程师借此使用非传统的硬件架构进行高性能编程。对于 FPGA 阵营来说，人们已经眼睁睁地看着英伟达和 GPU 在硬件加速领域取得了多年的主导地位。值得欣慰的是，Vitis 和 oneAPI 走在了正确的道路上，它们也许会给赛灵思和英特尔提供更多对抗英伟达的筹码。

相信随着高层次综合领域的难题不断被攻破，使用高层语言对 FPGA 进行高效编程也必然会实现，而这也将最终成为 FPGA 更广泛应用的最后一块拼图。

第5章

站在巨人的肩上——FPGA发展的新趋势

很多世界顶尖的“建筑师”可能是你从未听说过的人，他们设计并创造出了很多你可能从未见过的神奇结构，例如在芯片内部源于沙子的复杂体系。如果你使用手机、电脑，或者通过互联网收发信息，那么你就无时无刻不在受益于这些建筑师们的伟大工作。

在FPGA领域，也有着一群才华横溢的“建筑师”。在他们的不断创造和推动下，FPGA已经从简单的可编程门阵列，历经30多年发展成为了基于大量可编程逻辑的复杂片上系统。除了芯片的硬件架构之外，FPGA的开发工具和应用场景也都取得了长足的进步和扩展。

站在巨人的肩上，方能一览众山小。想要深入理解一个领域，就有必要先了解这个领域有哪些重要的人，以及他们做过哪些重要的事。在本章中，就请跟随我们的脚步，一起认识那些FPGA研究领域的杰出人士，以及这个领域在过去几十年间涌现的诸多重要成果，并一起讨论FPGA未来的发展趋势。

5.1 百花齐放、百家争鸣：FPGA学术研究概况

任何科学技术的发展和进步都离不开两个主要的推动力量，一个是相关领域各大公司的研发，另一个就是各大高校与科研院

所的学术研究。这两者往往是相互补充、相互合作、相互促进的关系。综合二者，既能涵盖短期的实用性研究，又有长期技术难题的攻关与突破。

这样的技术发展模式，在FPGA行业也不例外。除了英特尔、赛灵思等FPGA公司的研发投入之外，世界上的很多顶尖大学和研究组也在不断开展FPGA相关的各类研究，并在过去的几十年间，取得了一系列学术突破。从FPGA架构到开发工具，现代FPGA使用的很多技术都源自于这些学术研究。相比来自工业界的各种动态，普通读者对于学术界的了解可能并不多。因此在本节中，我们将介绍在FPGA学术研究领域国内外鼎鼎有名的大学和专家学者，以及他们所专攻的领域和主要学术贡献。此外，在本节的最后，也将简要介绍FPGA领域主要的学术会议。由于篇幅所限，我们无法对FPGA领域的所有知名学者做一一介绍，因此我们选取了四所国内外具有代表性的高校，并对在这些高校里从事FPGA研究的知名专家进行简单介绍。通过这些内容，希望能让您对FPGA学术研究领域有一个初步的认识。

5.1.1 多伦多大学

多伦多大学的FPGA研究一直被公认是世界顶尖水平。在这里聚集了一群知名教授，包括Jonathan Rose、Vaughn Betz、Jason Anderson、Paul Chow等，见图5-1。这些教授的研究领域基本涵盖了FPGA的各个层面，包括架构、开发工具、应用等多个领域，其研究的广度和深度都是世界一流水准。

多伦多大学的FPGA研究兼顾前瞻性和实用性，研究成果经常能够成功地转化成为工业界产品。这些成果和这些教授的个人经历密不可分，他们很多人都曾担任过FPGA公司的高管或高级工程师，有着多年的工业界一线研发经历。回归学术界后，仍然与工业界结合非常紧密，这使得他们的研究非常实用，对FPGA行

图 5-1　多伦多大学的 FPGA 知名教授

业的发展也有着很重要的推动作用。例如，Jonathan Rose 和 Vaughn Betz 曾创办 Right Track CAD 公司，专注于 FPGA 的自动化设计和布局布线技术。后来公司被 Altera 收购，并逐渐发展为 Altera 的多伦多研发中心，Rose 和 Betz 两位教授也在 Altera 里担任了十数年的高级管理职位。正是基于该公司的技术，Altera 将 Quartus 软件升级成为了 Quartus II CAD 工具套件，并一直发展至今。

再例如，Jason Anderson 曾在赛灵思工作十年，同样专注于 FPGA 的自动化设计和优化技术，曾担任赛灵思的主任工程师、资深经理等职位。在回归学术界后，他在 2015 年与学生联合创办了 LegUp 公司，并担任首席科学顾问。LegUp 是当前业界性能领先的高层次综合工具之一，公司已经获得了英特尔资本（Intel Capital）领投的种子轮融资。

5.1.2 加州大学洛杉矶分校（UCLA）

UCLA 在 FPGA 领域的代表性人物就是丛京生教授（Jason Cong），见图 5-2。他是美国工程院院士、中国工程院外籍院士，他的研究主要集中在集成电路设计自动化、FPGA 综合、互连优化等领域。丛教授著作等身，发表了超过 400 篇高水平的学术论文，其中 15 篇获得最佳论文奖。

图 5-2 丛京生教授

丛教授的研究兼顾了学术深度，也有着很高的实用性。因此，他的研究一直保持着很高的商业转化记录。例如，他曾联合创办了 Aplus Design Technologies 公司，后被 Synopsis 公司收购。在

2006 年,他和当时的博士生张志如(现任康奈尔大学副教授)联合创办了 AutoESL 公司。在前面的章节介绍过,AutoESL 公司的 AutoPilot 工具是高层次综合领域最成功的学术成果商业化的案例。AutoESL 随后被赛灵思公司收购,AutoPilot 工具也随后更名为 Vivado HLS。除此之外,丛教授目前是初创公司 Falcon Computing Solutions 的联合创始人和首席科学顾问,这家公司专注于为数据中心提供可编程计算方案。

丛教授还和国内外的大学和研究机构保持着高效的合作和联系。例如,丛教授牵头成立了北京大学高能效计算与应用中心,并任中心主任和客座教授。此外,他还任北京大学-UCLA 理工联合研究所共同主任。

5.1.3 帝国理工学院

英国帝国理工学院(Imperial College London)也有着悠久的 FPGA 研究传统。在 FPGA 领域,帝国理工比较知名的教授有来自电子系的 George Constantinides、Peter Cheung,以及来自计算机系的 Wayne Luk(陆永青)三位,见图 5-3。其中,Constantinides 是电子系电路与系统研究组主任,他有很强的数学功底,因此他的研究方向主要集中在和数学相关的 FPGA 字长优化、高层次综合算法,以及近年来不断兴起的近似计算等领域。Cheung 和 Luk 两位华人教授是 FPGA 学术研究领域的元老级人物,他们的研究奠定了很多近现代 FPGA 发展的大方向。其中,Cheung 曾任帝国理工学院电子系主任,他主要专注于研究 FPGA 设计过程中可能出现的各种问题,如可重构设计、信号处理、可靠性、工艺漂移(Process Variation)等。Luk 的研究更偏高层应用,包括 FPGA 的设计语言、建模和工具等,以及如何使用可重构硬件进行特定算法和应用的加速计算。

图 5-3　帝国理工学院的 FPGA 知名教授

值得一提的是，Cheung 和 Luk 两位教授是 FPGA 领域很多知名学术会议和期刊的创始人和主要发起者。例如，Luk 是 FPL 和 FPT 两大 FPGA 顶会的创始人，同时是 FPGA 领域的知名期刊 TRETS 的创刊者。目前，Luk 还是我国初创公司鲲云科技的联合创始人和首席科学官。

5.1.4　清华大学

清华大学电子工程系的汪玉教授是当前国内 FPGA 研究领域的领军人物之一，见图 5-4。汪玉教授目前任电子工程系主任、信息科学技术学院副院长。他本硕博均毕业于清华大学，博士导师是杨华中教授和谢源教授。值得一提的是，谢源教授目前任教于加州大学圣塔芭芭拉分校，同时担任阿里平头哥的首席科学家、阿里达摩院计算技术实验室负责人。

汪玉教授的主要研究方向是 EDA 和硬件计算加速，已发表了 200 余篇学术论文，并三次获得最佳论文奖。他近年来最引人注目的工作，就是利用 FPGA 对深度神经网络进行剪枝、压缩和优化，从而在精度损失极小的情况下取得几十倍的网络压缩。在这个工作的基础上，汪玉教授的研究组还提出了对应的硬件架构、编译器和设计框架,形成了完整的用于神经网络推断的低功耗高性能系统。更加引人注目的是,基于这一系列工作,汪玉教授作为联合创始人创办了深鉴科技,并一度成为国内当红的 AI 初创公司。在 2018 年,深鉴科技被赛灵思收购,其 DPU 和 DNNDK 开发工具包也被随后整合到赛灵思最新推出的 Vitis AI 开发框架中。

图 5-4 清华大学汪玉教授

5.1.5 FPGA 领域的主要学术会议

FPGA 领域的顶级国际学术会议主要有四个,分别是:FPGA、FCCM、FPT、FPL。其中,第一个会议的全称为“ACM/SIGDA International Symposium on Field-Programmable Gate Arrays”,即“FPGA 国际研讨会”,自从 1993 年举办至今。从名字就可以看出来,它是 FPGA 领域的旗舰级顶会,为了避免和 FPGA 本身混淆,我们在下文中都将这个会议称为“FPGA 大会”。

“FPGA 大会”每年的举办地固定,都在美国加州的海滨城市 Monterey。每届会议接收并全文发表的文章大约有 30 篇,除此以外还有不少海报论文，以及各种讲座、演示、讨论等。这些在“FPGA 大会”上全文发表的文章，每篇 10 页，工作量和质量都堪比期刊论文。“FPGA 大会”的审稿标准十分严格，因此在这里发表的文章都代表着当时 FPGA 最前沿和最优秀的研究成果，也普遍被业界人士看作是预测 FPGA 今后发展方向的风向标。

FCCM 全称为“IEEE Symposium on Field-Programmable Custom Computing Machines”，即 IEEE 现场可编程自定义计算研讨会，它常年在北美各地巡回举办。FPT 全称为“International Conference on Field-Programmable Technology”，即现场可编程技术国际会议，它始创于 2002 年，每年在亚太地区举办。FPL 全称为“Field-Programmable Logic”，自 1991 年创办起，它每年都在欧洲各个大学巡回举办。

FCCM、FPT 和 FPL 基本涵盖了 FPGA 和可编程器件研究的绝大多数方向，包括硬件架构、软件开发工具、综合算法、具体应用实例等。加上“FPGA 大会”，这四个国际会议可以说是海内外 FPGA 研究者每年都会积极参与的盛会。

前文提到的几位 FPGA 领域的知名学者，都是这些学术会议的常客。有人曾做过统计，截至 2017 年，丛京生教授在“FPGA 大会”上共发表 62 篇文章，位列全球所有学者之首。而纵观 FPGA、FCCM、FPT、FPL 四大会议，帝国理工学院的 Wayne Luk 教授在这些会议上一共发表了 247 篇文章，Peter Cheung 教授共发表了 131 篇文章，George Constantinides 教授共发表了 103 篇文章，这三人位居全球所有学者的前三名。此外，上面提到的其他学者也在这四大会议上发表过数十篇文章，且获得过多项最佳论文奖。例如，汪玉教授的神经网络压缩算法文章就获得了 2017 年“FPGA 大会”的最佳论文奖。

5.2　FPGA 20 年最有影响力的 25 项研究成果

2011 年，FPGA 研究领域的学术权威与工业界领袖为了庆祝“FPGA 国际研讨会”举办 20 周年，评选出了自 20 世纪 90 年代以来 FPGA 领域最有影响力的 25 项研究成果。这些重要的成果能帮助我们解答两个重要的问题，也就是 FPGA 从哪来，以及 FPGA 将去向何方。

这 25 项研究成果按研究领域分为 FPGA 架构、计算机设计自动化(CAD)工具、FPGA 应用、可重构计算等几个大类。其中的每个成果都由一名该领域的顶级学者做推介。在本节中，我们将按类别对这些成果做逐一解读。虽然这里的有些工作现在看起来并不那么新颖，但在这些成果发表的当时，它们无不在学术界和工业界引起巨大反响。而这也恰恰证明了，这里很多工作的影响力一直流传至今，让我们觉得习以为常。除了这些工作本身的贡献之外，它们所采用的方法论、思维方式、前瞻性与实用性的结合，以及这些学者和科学家严谨的治学态度，都为后来的研究树立了最高的典范。

5.2.1　FPGA 系统架构篇

在本篇中，有五个 FPGA 系统架构领域的重要研究成果，它们有的奠定了现代商用 FPGA 的基础架构，例如赛灵思的 Virtex 系列和 Altera 的 Stratix 系列；有的开创了 FPGA 作为并行硬件加速器的这一重要应用方向；有的统一了 FPGA 架构研究中基准测试的规范和标准。可以说，这些工作为现代 FPGA 系统架构的发展打下了坚实的理论基础。

1. FPGA 与 SIMD 阵列的结合与统一

一句话总结：FPGA 作为并行计算加速器的开山之作

英文名：Unifying FPGAs and SMID Arrays

作者：Michael Bolotski，Andre DeHon（见图 5-5），Thomas F. Knight，Jr

发表时间：1994 年

推介人：Jonathan Rose（多伦多大学）

图 5-5　Andre DeHon，现任宾夕法尼亚大学教授

这项成果在哲学的角度重新审视了 FPGA 这种计算"介质"，并将其与单指令多数据（Single Instruction Multiple Data，SIMD）方法联系起来，以进行常规计算的并行加速。这个工作最早揭示了如何把 FPGA 和 SIMD 这两种计算方法看成一个连续的整体，并在某种意义上将二者进行了结合和统一。

这项成果提出了一种混合架构，名为"动态可编程门阵列（DPGA）"。在这种架构中，用来配置逻辑和布线的比特流（Bitstream）位于特殊设计过的本地存储单元中，并会不断地快速变化。在 DPGA 里，有一个中央上下文标识器（Central Context

Identifier)，负责决定从本地内存中加载哪些配置。

通过使用这种方法，使 DPGA 架构在某种程度上类似于 SIMD。具体来说，如果这些本地内存里的内容相同，那么就会执行相同的“指令”；反之，如果本地内存中的内容不同，那么每个处理单元就会各自为战，这使得这种 DPGA 架构既可以并行处理数据，又可以串行处理数据。此外，这项成果还对这种新的计算体系架构的成本和收益进行了深入的分析。

这项成果是关于 DPGA 的一系列富有影响力的成果的开山之作，也是第一批探讨 FPGA 编程里上下文的工作之一。虽然这种可编程架构在后来并未成为业界主流，但它启发了很多后续的高质量工作，并为来者奠定了坚实的理论基础。同时，这种打破常规的创新思维，也值得所有研究者借鉴和学习。

2. 一种高速的层次化同步可编程阵列

一句话总结：高性能、高时钟频率 FPGA 架构设计与时序优化算法的开创性探索

英文名：HSRA：High-Speed，Hierarchical Synchronous Reconfigurable Array

作者：William Tsu，Kip Macy，Atul Joshi，Randy Huang，Tony Tung，Omid Rowhani，Varghese George，John Wawrzynek，Andre DeHon

发表时间：1999 年

推介人：Carl Ebeling(华盛顿大学)

这项工作专注于解答这样的一个问题：是否有可能设计一个 FPGA 架构，使它能够和 CPU 或 ASIC 的时钟频率一较高下？

通常情况下，FPGA 的时钟频率要比 CPU 或 ASIC 慢很多，往往只能达到 CPU 或 ASIC 时钟频率的 10％～20％，这主要受制于 FPGA 内部的逻辑延时与互连延时。而这项工作则希望通过

结合 FPGA 架构创新和 CAD 工具创新两方面，使得 FPGA 的性能上升到一个新的台阶。

这项工作采取了一种与传统 FPGA 设计方法完全相左的方法，即根据特定的时钟频率设计系统架构。然而通过这种方式，设计者可以精确地定义一个时钟周期中逻辑层的数量、互连和距离等参数，这样就可以得到一个包括可编程互连在内的高度流水化的结构。

这个成果提出了一个名为 HSRA 的新型架构，它最新颖的地方在于其中的树形分层互连结构，如图 5-6 所示。这种架构允许连接通过点对点的方式完成，因此就可以得到任意两点间的距离和延时。利用这些信息，就可以从时序的角度解决很多布局和布线问题。

另一方面，并不是所有设计都可以按照 HSRA 架构进行深度流水线优化。为了解决这个问题，这项工作创造性地采用了名为 C-slowing 的方法，即当设计中包含较大反馈时，就通过在电路中引入额外的并行性，来处理和补偿这些反馈带来的延时。值得注意的是，C-slowing 也在后来逐渐成为了重定时技术的主流方法之一。

综上所述，这项工作在 FPGA 体系结构这个领域中开拓出了一个新的方向，那就是针对时序和高性能的 FPGA 架构设计。HSRA 架构本身由于与传统 FPGA 的差别太大，从而没有在商业化的道路上走远，但这个工作中的很多思路和方法，都对现代 FPGA 架构的演进产生了深远的影响。

3. Virtex-II FPGA 的动态功耗

一句话总结：现代 FPGA 动态功耗分析、建模与优化方法的开山之作

英文名：Dynamic Power Consumption in Virtex-II FPGA Family

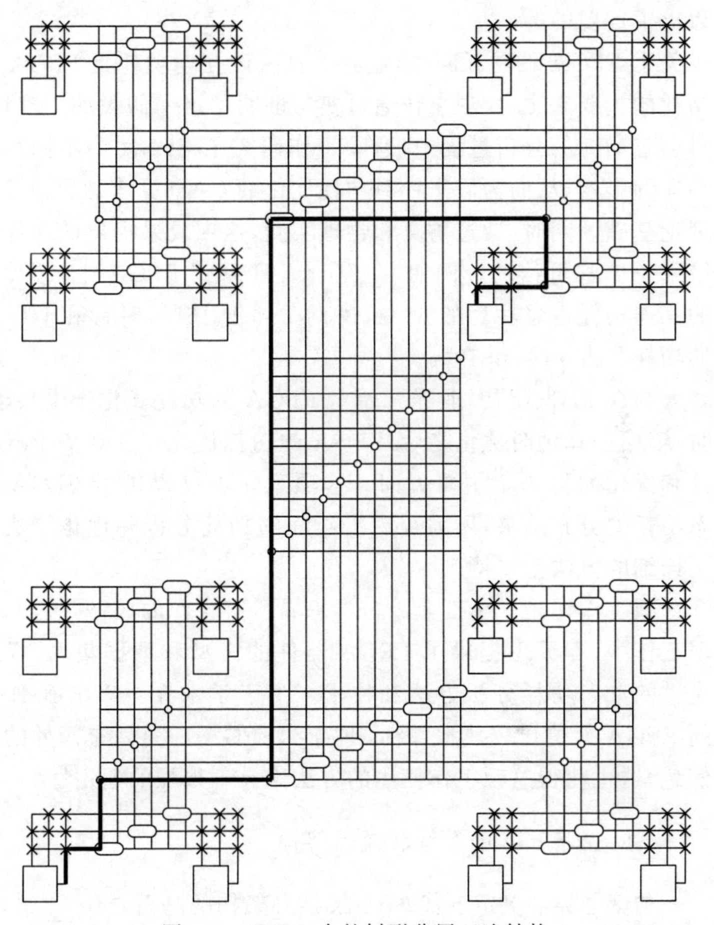

图 5-6 HSRA 中的树形分层互连结构

作者：Li Shang，Alireza Kaviani，Kusuma Bathala

发表时间：2002 年

推介人：Russ Tessier（马萨诸塞大学）

在这项工作之前，很少有研究专门讨论 FPGA 的功耗问题。因此，这项成果为研究者深入理解 FPGA 的功耗，并进行功耗优化迈出了重要的第一步。

关于FPGA的功耗问题，业界一直假设互连功耗是FPGA动态功耗的主要来源，这项工作通过实验证明了这一假设的正确性。在对动态功耗的分析过程中，这项工作研究了FPGA中不同结构对功耗的影响，从而为后来针对功耗优化的CAD算法的出现提供了理论基础。同时，通过仿真和物理实测，这项成果提出的功耗分布结果是非常可信的。例如，在Virtex-II系列FPGA上，芯片内部的互连功耗占总功耗的60%，逻辑功耗占16%，时钟和I/O单元的功耗各占14%和10%。

大约在21世纪初，业界开始对FPGA的功耗优化产生兴趣。当时，继面积和延时优化之后，FPGA的功耗优化正在成为FPGA设计和优化的另一个主要方向。这项工作不仅提供了FPGA上动态功耗的分布结果，还为今后十年间的功耗分析和优化算法提供了详细的方法论支持。

这项工作还是一个工业界与学术界紧密合作的典型代表。在这项工作中，赛灵思提供了FPGA器件的模型和数据集，并提供了先进的动态功耗分析方法和技术。由于学术界对Virtex-II系列的FPGA架构比较熟悉，因此不需要FPGA厂商公布额外的机密信息，这也使得这项工作使用的方法论有着很强的通用性。

4. Stratix FPGA的布线和逻辑架构

一句话总结：奠定五代Stratix核心架构的基石之作

英文名：The Stratix Routing and Logic Architecture

作者：David Lewis，Vaughn Betz，David Jefferson，Andy Lee，Chris Lane，Paul Leventis，Sandy Marquardt，Cameron McClintock，Bruce Pedersen，Giles Powell，Srinivas Reddy，Chris Wysocki，Richard Cliff，Jonathan Rose

发表时间：2003年

推介人：Herman Schmit（卡耐基-梅隆大学）

在过去的很多年中,由 Jonathan Rose 教授领导的多伦多大学团队开发了名为 VPR(Versatile Place and Route)的 FPGA 设计工具套件,并用来设计和探索简化过的 FPGA 系统架构和微架构。VPR 包含 FPGA 后端设计的很多算法和流程,包含逻辑封装、布局和布线等。这使得很多的 FPGA 架构问题都可以借助 VPR 进行量化分析,而这也使得多伦多大学成为了全球最重要的 FPGA 学术研究中心之一。

1998 年,Jonathan Rose 教授创办了一个名为 RightTrack CAD 的初创公司,其主旨就是将 VPR 进行商业转化。与此同时,Altera 也在努力改进他们的 FPGA 架构,以应对赛灵思成功的 Virtex 系列带来的竞争。2000 年,Altera 收购了 RightTrack 公司,并开发了 Altera FPGA 建模工具包(Modelling Toolkit),用来优化他们的第一代 Stratix FPGA 架构。

这项成果就详细介绍了 Stratix 架构的技术细节。更重要的是,它系统阐述了 FPGA 架构师在设计 Stratix 时所作决策的具体过程。这项工作证明了 VPR 所采用的定量分析方法同样适用于分析实际 FPGA 的性能和设计指标,如 FPGA 的物理面积和关键路径延时等。这些方法和工具已经被用于接下来的至少 5 代 Stratix FPGA 的设计。而这项工作也成功地展示了学术研究与工业界技术发展之间的紧密联系与合作。

5. 量化 FPGA 与 ASIC 的区别

一句话总结:FPGA 基准测试的标杆之作

英文名:Measuring the Gap between FPGAs and ASICs

作者:Ian Kuon,Jonathan Rose

发表时间:2006 年

推介人:Herman Schmit(卡耐基-梅隆大学)

值得注意的是,自内容发表以来,这项工作已被引用超过 1400 次,这也使它成为了被引用次数最多的 FPGA 文章之一。它的最主要贡献就是对可编程性的成本进行了量化。这项工作表明，FPGA 的核心面积要比一个标准的 ASIC 单元大 40 倍。对于所有致力于提升和改进 FPGA 架构的工作来说，这就是它们最主要的动力之一。

在这项工作之前，FPGA 与 ASIC 之间大多数的比较都基于小型电路，并且倾向于对比 FPGA 与掩膜可编程门阵列（Mask-programmable Gate Arrays）。在这种情况下，FPGA 比 ASIC 的面积只增加了约 10 倍。然而，到了 2006 年，ASIC 的 EDA 工具已经得到了长足的发展和进步。基于可综合的逻辑单元的 ASIC 设计已经成为了业界的常见选择。

从客观上讲，这里所说的 40 倍面积实际并不合理，因为这里只考虑了 FPGA 核心区域的面积，同时很多的逻辑和算术运算单元都没有使用固化的乘法器帮助实现。在这项成果中，它根据电路中是否包含算术运算、内存单元、结构化逻辑以及寄存器，将待研究的基准电路集分成了四大类。例如，在包含逻辑单元和算术运算单元的电路设计中，如果 FPGA 架构里包含固化的乘法器和 DSP 单元，那么相比 ASIC 而言 FPGA 的面积会大 28 倍。

这项工作更重要的贡献是向人们揭示了 FPGA 的架构特性（如固化的内存单元和 DSP 等）与基准测试结果的相关性。同时，这项工作深入分析了 FPGA 里固化的逻辑结构对性能和成本的影响与关联，而这也直接对现代 FPGA 的架构设计产生了深远影响。在现代 FPGA 中，将哪些 IP 或逻辑电路采用硬核的方式实现，已经成为了影响 FPGA 发展的重要命题。这与像查找表 LUT 的大小、布线拓扑结构等传统 FPGA 架构问题同样重要。

在学术界，像这样的基准测试工作也总是充满争议的。因为它们要么在比较时采用了不同的衡量标准，要么对比较的标准进行了抽象，使得结果不具有扩展性和通用性。然而，这项成果为这类工作树立了典范，它展示了如何客观地做比较，以及如何细致地描述比较的具体细节，这样使得研究者可以从结果中得到自己的结论,并将这种思想应用到今后的研究工作中。

5.2.2 FPGA 微架构篇

本篇介绍了五个 FPGA 微架构领域的重要工作,它们有的奠定了现代 FPGA 查找表 LUT 微结构的理论基础,有的探讨了 FPGA 布线架构的设计与优化方法,有的探索了当代最新科技与 FPGA 微架构设计的结合。

1. 在可重构计算阵列中平衡互连与计算

一句话总结:首次考虑了逻辑资源与布线资源的平衡使用,从而得到更优的资源利用率,对 FPGA 架构与 CAD 工具设计具有深远影响

英文名:Balancing Interconnect and Computation in a Reconfigurable Computing Array (or, why you don't really want 100% LUT utilization)

作者:Andre DeHon

发表时间:1999 年

推介人:Mike Hutton(谷歌)

这项成果完美结合了理论、实证分析,以及富有洞见的探讨,打破了关于 FPGA 架构优化的常见假设,特别是通过对比逻辑面积与布线面积,证明了 100%的硬件利用率并不一定会带来最优的结果。

这项成果首次深入研究了 FPGA 设计中不同部分的布线需求,分析了最坏情况下的布线要求及其对器件整体的影响。这项成果影响了后来很多关于 FPGA 架构的研究工作,并在发表十多年后仍然被多次引用。由这项成果发展而成的一项名为 HSRA 的布线方法,也重新引起了学术界和工业界对层次化 FPGA 架构设计及分析的兴趣。

这项成果的另外一个贡献是，它清晰地描述了FPGA架构风格与CAD算法风格之间的对应关系：在这个工作中就是分层递归分解。Andre DeHon进一步对比了FPGA逻辑互连的增长率与器件大小之间的关系，阐述了高效的系统架构设计的一系列实证结果。

除此之外，这项成果最值得借鉴的地方是它的方法论。通过使用基于树状网格的架构，可以得到伸缩性更强的FPGA互连架构模型，并对基于逻辑簇（Logic Clusters）的传统方法提出了挑战。当结果与传统观念不同的时候，Andre DeHon对问题的本质有着清晰而敏锐的认识。这也使得这项工作在FPGA的很多领域有着全面而深远的影响。

2. LUT和簇大小对深亚微米FPGA性能与密度的影响

一句话总结：现代FPGA里6输入LUT结构的理论基础

英文名：The Effect of LUT and Cluster Size on Deep-Submicron FPGA Performance and Density

作者：Elias Ahmed，Jonathan Rose

发表时间：2000年

推介人：Mike Hutton（谷歌）

这项开创性的研究深入分析了将逻辑单元组成层次化结构的过程中，查找表LUT大小和逻辑簇大小对系统性能和整体面积的影响。在这项成果发表之前，学术界刚刚开始探索和讨论FPGA里的逻辑簇结构，见图5-7。在工业界，尽管Altera和赛灵思已经开始使用层次化结构，但它们有着不同的大小和接口类型，从而限制了其进一步使用。在这个大背景下，这项工作首次探讨了面积和延时的权衡与折中，以及它们与簇输入数量的关系。

这项工作的主要成果是在给定电路面积的情况下，对理想情况下的输入数量进行了建模，并给出了LUT大小和簇大小的最优范围，以满足特定的面积与延时要求。值得注意的是，这项工作指

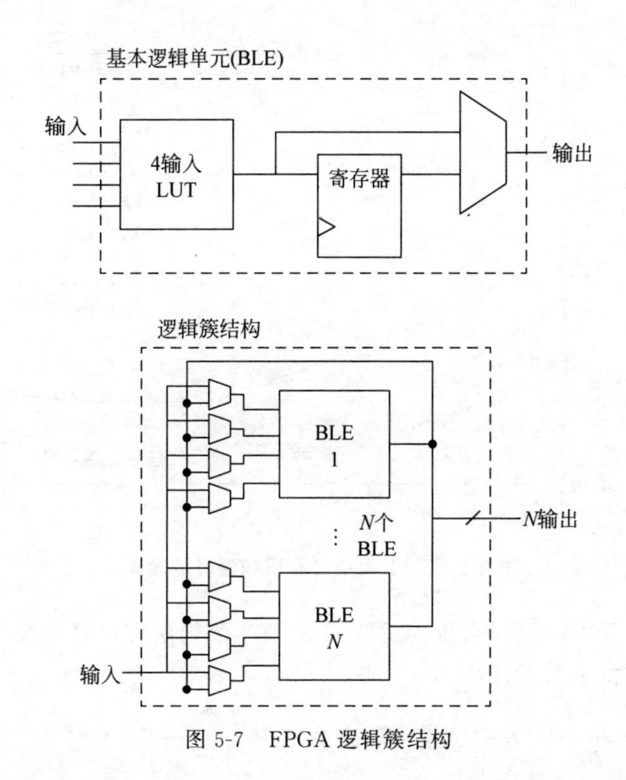

图 5-7　FPGA 逻辑簇结构

出 6 输入的 LUT 会取得比以往都要好的面积与延时结果，见图 5-8，而这个结论也为现代 FPGA 里采用的 6 输入 LUT 结构奠定了理论基础。

这项工作除了它的结果影响深远之外，它所采用的方法论也有着很强的借鉴意义。两位作者指出，他们得到的这些最优解取决于当时的工艺参数和条件，随着半导体制造工艺的不断进步，这些最优解也会随之变化。他们也在这项工作中给出了一个清晰且可以重用的框架，用来预测和判断当工艺进步时这些最优点的变化情况。

这项工作另外的一个主要贡献是，它建立了一个评估 FPGA 架构的标准化体系，这其中包含了从综合到布局布线的各个

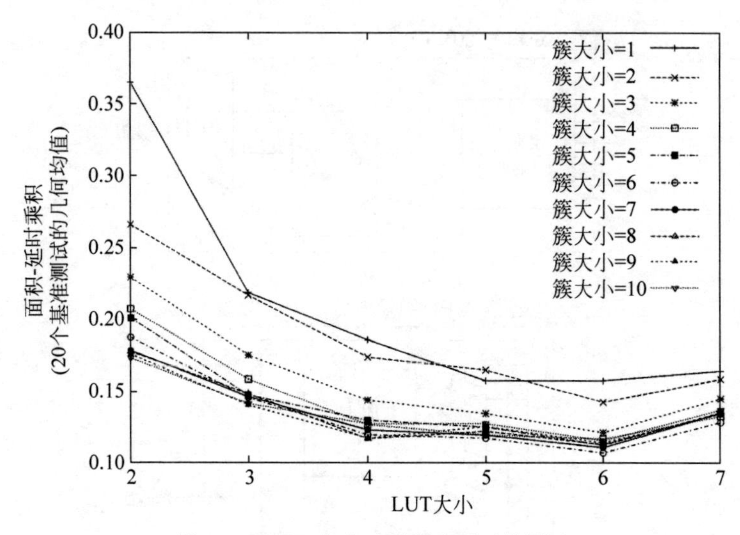

图 5-8　LUT 大小对面积和延时的影响

FPGA 开发阶段。它也为后续的 FPGA 架构研究以及 CAD 算法开发提供了参考标准。

3. 在 LUT 簇中使用稀疏交换结构

一句话总结：现代 FPGA 布线微架构设计的奠基之作

英文名：Using Sparse Crossbars within LUT Clusters

作者：Guy Lemieux，David Lewis

发表时间：2001 年

推介人：Sinan Kaptanoglu(Microsemi 公司)

这项成果着重探讨了一个全新的问题,那就是在不假设全连接的情况下,如何构建 FPGA 逻辑簇里的布线架构。在之前的其他工作中,很多研究人员已经深入研究了基于逻辑簇的 FPGA 结构。然而,这些对簇和 LUT 大小、互连方式等的研究,都基于这样的一个假设,即簇内布线是全连接的。然而,在这项成果中,我们看到如果大量减少负责全连接的交换结构(Crossbar),就可以显著地改变簇的最优特性，并保持很好的布线灵活度与较高的系统性能。

为了印证这个观点，这项工作首先提出了一种通用度很高的FPGA簇结构，并引入了面积与延时模型，用来计算和比较面积和性能的相关参数。此外，这项工作还讨论了FPGA架构中各项参数对面积和性能的影响，包括加入额外的LUT输入等。

这项工作对FPGA业界有着极大的启发意义。在今天，绝大多数商业级FPGA的布线架构都基于逻辑簇结构，而这些簇都是由部分连接（而非全连接）的交换结构组成的。为了实现这种部分连接的交换结构，虽然不同的FPGA厂商、不同的FPGA芯片采用了不同的方法，但其中蕴含的中心思想是类似的。此外，这篇文章对学术研究也有着重大的影响。这项成果发表后的数年间，其中包含的实验结果被不断地进行理论归纳，从而为其他研究者奠定了坚实的理论基础。

4. 实验假设、工具和分析技术对FPGA架构研究结论的影响

一句话总结：超越FPGA研究领域的研究方法论佳作

英文名：On the Sensitivity of FPGA Architectural Conclusions to Experimental Assumptions，Tools，and Techniques

作者：Andy Yan，Rebecca Cheng，Steven J. E. Wilton

发表时间：2002年

推介人：Katherine Compton（威斯康星大学麦迪逊分校）

从事FPGA架构研究的学者都知道，研究时使用的实验方法会对架构研究的结果产生重要的影响。对于一个FPGA架构参数，有太多的因素会对它造成影响，例如选取的测试基准电路，用来把电路映射到FPGA上的EDA工具等。

然而，知道这些因素可能会影响结果是一回事，看EDA数据到它们确实会影响结果则是另外一回事。这项工作为我们揭示了一个重要结论，那就是通过实验的方法寻找最优的FPGA架构参

数可能并不会带来最优 EDA 结果，因为实验结果可能在很大程度上取决于实验是如何设置的。例如，图 5-9 清晰地展示了当使用不同的 EDA 工具和设置时，最优的 LUT 大小会在 4～6 输入之间来回变化。

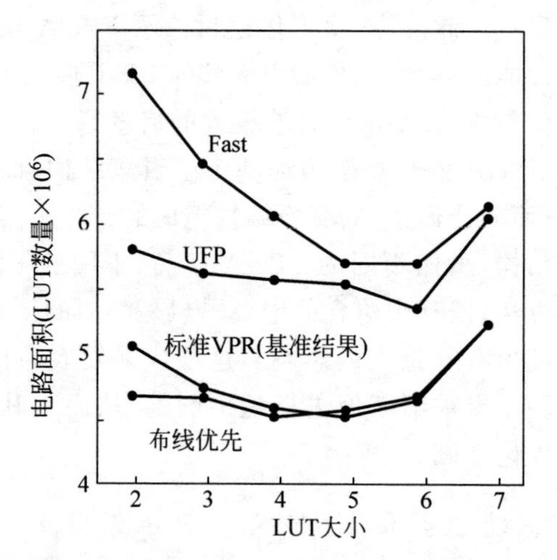

图 5-9　使用不同 EDA 工具时，LUT 大小与电路面积的关系

更重要的是，这项工作从方法论的角度鼓励研究人员去更加仔细地设计他们的实验，并构建他们的结论。事实上，这已经超出了 FPGA 的研究范畴，并对所有刚刚从事科学研究的学者都有着很大的借鉴意义。这项成果所传递的研究思路，会让研究者仔细审视自己的研究方法，而避免只从表面上看结果。通过这项成果，人们应该意识到仔细构建实验和客观分析结果的重要性，并要永远质疑结果的有效性和适用性。

5. 基于纳米线的亚光刻可编程逻辑阵列

一句话总结：利用时代前沿技术设计制造 FPGA 的开创性研究

英文名：Nanowire-Based Sublithographic Programmable

Logic Arrays

作者：Andre DeHon，Michael J. Wilson

推介人：Deming Chen(伊利诺伊大学香槟分校)

2003年，基于纳米线的集成电路设计取得了两个突破性成就。其一是哈佛大学发表的一种通用的控制纳米线结构和层级的方法，另一个则是惠普实验室发表的对纳米级电路元件进行制造和测试的方法。尽管如此，这个领域的大多数研究都只是专注于纳米线晶体管设计，或者简单的基于纳米线的逻辑与存储单元设计。

受此启发，这项工作的作者抓住机会将纳米元件的制造与纳米系统的设计结合起来，并展现了纳米技术的真正力量。这项成果使用纳米线构建了大型可编程逻辑阵列的布线交换结构，并对系统设计进行了详细建模。此外，这项成果还指出了许多独特的设计挑战与问题，包括如何使用一种随机机制来处理纳米级别的二极管的恢复(Restoration)问题等。这项成果还对纳米架构的芯片面积、良率、时序等问题进行了详尽的理论分析，并将一系列基准测试电路映射到这个新型纳米架构上，以评估他们的逻辑密度。

这项成果详细分析了这种架构的设计和制造挑战，以及它对传统的CMOS FPGA架构的潜在竞争优势。这样的研究对于业界理解纳米科技，以及它将如何给FPGA带来提升有着重要意义。在这项成果的后续工作中，作者还讨论了纳米线结构的制造缺陷等问题。

光刻技术一直是制造CMOS电路的根本性技术之一。这项成果表明，在不使用光刻技术的情况下，利用新兴的制造技术来构建高密度、大规模的可编程逻辑结构是可行的。这也为学术界和业界提供了一种可以超越传统光刻限制的替代方案。

5.2.3 FPGA布局布线算法篇

本篇介绍五个FPGA布局布线算法领域的重要工作。在这些工作中，有的建立了大部分现代商用FPGA的布线算法基础，有的大幅改进了FPGA布局、布线、时序优化等多个环节的算法性能，有的则对FPGA设计软件及算法进行了跨越式的提升和优化。

1. 寻路者：基于协商的FPGA性能优化布线算法

一句话总结：历史最强FPGA布线算法，没有之一

英 文 名：Pathfinder：A Negotiation-Based Performance-Driven Router for FPGAs

作者：Larry McMurchie，Carl Ebeling（见图5-10）

发表时间：1995年

推介人：Sinan Kaptanoglu（Microsemi公司）

图5-10 Carl Ebeling，现任华盛顿大学教授

这项工作可以算是过去20年中影响FPGA技术发展的最重要的成果之一。这项成果对工业界和学术界都产生了极其深远的

影响。最重要的是，这个工作将 FPGA 的布线研究，从一个结果波动极大的问题，转化为一个能够很好控制结果的优化问题。时至今日，几乎所有的 FPGA 厂商都在使用这项工作提出的协商拥塞(Negotiated Congestion)布线算法，或者是由这个算法引申出来的其他布线方法。此外，学术界最为广泛使用的 FPGA 架构设计和分析工具 VPR，也是基于这项成果开发的。

通常来说，有些研究成果会立刻在学术界引起轰动，而有些则会首先被低估一段时间，然后才会被人们完全理解，这项成果就属于后者。很多研究 FPGA 设计工具的工作都会遵循一定的套路，那就是先提出一些新的想法，然后使用基准测试对这些想法进行实验，最后得到的结论是比当时的其他工作取得 5%～10%的提升，诸如此类。并不是说这些工作不够优秀，但事实上，由于 EDA 领域会不断出现新的工作，并取得更好的结果，因此大多数的工作所取得的成就和影响都是暂时的。

1995 年，大多数 FPGA 研究者都认为这项工作也只不过是又一个取得了 10%性能提升的成果，和其他研究并无二致。只有很少的人认识到，这项成果带来的是改变整个游戏规则的根本性创新，它将在今后的几十年里经受住其他工作的挑战，而且不会被其他布线算法所超越。幸运的是，在随后的几年里，学术界和工业界都渐渐认识到，这项成果所提出的理念已经达到了前所未有的高度。

这项工作首先阐述了协商的基本思想，以及处理一阶拥塞的方法。然后分析了二阶拥塞，并引入了对“历史成本(History Cost)”的需求。之后将这个概念进行了推广，并将布线延时引入考量。最后给出了这个算法的伪代码，以及一些实验结果。相比于当时的其他商用工具，这个方法能取得 11%的效果提升。

时至今日，我们已经能够广泛而成功地使用协商拥塞算法来处理 FPGA 的布线问题了。尽管如此，这个方法为何如此有效，学术界在理论层面上仍然莫衷一是。例如，现在我们基本能理解和分析退火算法是如何工作和收敛的，但对于协商拥塞算法的理解还远远达不到这个层次，人们还没有对这个思想构建起足够严谨的理论体系。因此，这项工作仍将继续激发研究者们对这一课题的进一步研究。

2. FPGA 布线架构：分段与缓冲及其对速度和逻辑密度的优化

一句话总结：对 VPR 工具的跨越式优化，从而直接影响高端商业 FPGA 的成形和发展

英文名：FPGA Routing Architecture：Segmentation and Buffering to Optimize Speed and Density

作者：Vaughn Betz，Jonathan Rose

发表时间：1999 年

推介人：Carl Ebeling（华盛顿大学）

这项工作在 VPR 中加入了对时序优先布线算法的支持，并对延时进行了精确估计。这使得 VPR 可以对 FPGA 互连网络结构进行更加深入的研究。通常来说，FPGA 上 90％的面积都是用来进行可编程布线的，而关键路径延时里有 80％都是布线延时。因此，如何构建正确的 FPGA 互连网络，对于性能和资源消耗来说都是至关重要的。随着 FPGA 面积的不断增加，这一点更为明显，因为根据 Rent 法则，电路中导线数量的增长必须快于逻辑单元数量的增长。

然而，芯片架构师们经常习惯于根据直觉和以往的经验做出决策，而不是根据基准测试和理论分析。EDA 工具通常针对单一架构进行优化，如果架构进行了变更，工具的性能和有效性就会不可避免的下降。此外，如果要量化互连对性能的影响，就需要有基于时序驱动的综合、布局和布线算法。

这项工作在 VPR 中引入了一种用来精确估计延时的 Elmore 模型，并阐述了一种使用 VPR 对 FPGA 布线架构进行分析和评估的方法。这使得 FPGA 架构师可以通过一种架构描述语言

(Architecture Description Language),对 FPGA 架构进行建模和分析,然后工具就可以自动对这种架构进行适配。

这项成果首先假设了一个传统的岛型 FPGA 架构,然后尝试使用最优的方法对连线进行分段,并将这些分段连接起来。通过使用 VPR,可以自动对大部分的参数空间进行探索,从而得到对于给定的参数的最优布线结果。

这项成果最大的贡献在于它所使用的方法论和工具,仅仅在几年之后,Altera 在构建 Stratix 架构时就采用了相似的设计方法,并且采用了基于 VPR 的工具包。这进一步表明,创新既需要跳出固有的思维模式,又要使用先进的工具来评估这些新的想法,两者缺一不可。

3. 从高层描述自动生成 FPGA 布线架构

一句话总结:通过自动处理 FPGA 布线架构研究中烦琐的部分,推进了整个研究领域的跨越式发展

英文名:Automatic Generation of FPGA Routing Architectures from High-Level Descriptions

作者:Vaughn Betz, Jonathan Rose

发表时间:2000 年

推介人:Scott Hauck(华盛顿大学)

FPGA 的架构研究是非常复杂的,有时即使是为了回答最简单的问题,都需要付出相当程度的努力。在很多情况下,FPGA 架构师会认为他们的一些新想法,例如更大的逻辑块、新型的进位链等,理应会极大地提升系统的功耗、性能、面积、稳定性等指标。然而,为了证明这些想法的可行性,就需要设计工具和实际应用来对这些想法进行验证。同时,也需要结合很多和这些想法无关的 FPGA 架构细节,以组成一个完整的系统。在工具层面,大名鼎鼎的 Pathfinder 和 VPR 的出现,已经为大多数逻辑映射工作提供了一个稳定而高效的后端平台。

然而，对于FPGA互连架构来说，仍然有着很多细节问题需要注意。例如，连线长度、互连方法、逻辑块结构等，这些问题往往与研究者们希望研究的主要问题无关，但却都是必须统筹考虑的问题。例如，尽管单向导线(Unidirectional Wires)也许是个好的想法，但如果我们将其用于所有的互连节点，那么面积和容抗的增加将迅速掩盖这个想法带来的优点和好处。那么，如果我们只将其用于50%的互连节点，然后将所有的逻辑块输出连接到奇数号导线、将所有逻辑块输入连接到偶数号导线呢？如果我们又想到了其他的互连架构和方式呢？在这项成果面世之前，这些问题都是无法求解的。

因此，解决这类问题的重点，是这项成果所展示的架构描述语言，以及VPR中的架构生成器。简单来说，这项成果专注于处理那些布线架构中没人关心，但却非常重要的细节问题，例如，逻辑块是如何连接的？如何保证连线之间的交互不会对系统产生不确定影响？交换架构是如何组织排列的？当设计中存在长导线时，如何保证这条穿过芯片多个区域的连线以合理的方式进行分段？这样的问题还有很多很多，而这项成果就是用来解决这些在FPGA架构研究中的细微问题。

正因如此，尽管这项工作并没有专注于架构研究的重点和流行的部分，但它极大地帮助了这个领域向前迈进了一大步。这项工作通过提供更加高效的工具，使研究人员更有生产力，从而在另外一个角度帮助FPGA架构研究带来了大量创新。

4. 时序驱动的FPGA布局算法

一句话总结：现代FPGA设计工具中的核心布局与时序优化算法

英文名：Timing-driven placement for FPGAs

作者：Alexander (Sandy) Marquardt，Vaughn Betz，Jonathan Rose

发表时间：2000 年

推介人：丛京生(加州大学洛杉矶分校)

众所周知，VPR 是 FPGA 学术界最流行的开源 CAD 软件，几乎每个新的 FPGA 架构研究都使用了 VPR。而这项成果就详细阐述了在 VPR 中使用的时序驱动的布局算法。在这项成果中介绍的 T-VPlace 算法，除了广受好评和广泛使用之外，它还对 FPGA 的布局算法有着三个重要的贡献。

第一，在 T-VPlace 算法中，时序优化的过程是通过最小化延时与导线长度的加权和实现的。这个计算过程通过一个基于模拟退火(Simulated Annealing)的优化引擎完成。其中，每个节点的权值是该节点时序临界性的多项式函数。这项工作的结果表明，这种权值函数能够得到很好的时序收敛。此外，导线长度和时序都可以根据前一次的迭代进行自主归一化，这使得算法有着很好的稳定性。

第二，这项工作表明，每个节点的时序裕量(Timing Slack)不需要随着逻辑单元的移动而不断更新。只需要在对每个温度进行的迭代完成之后，再进行精确的基于路径的时序分析即可。使用未更新的时序裕量通常并不会对时序优化造成影响，反而会大幅提升 T-VPlace 算法的性能和效率。不过，后来的工作也表明，在高度流水线化的设计中，如果使用未更新的时序裕量会对性能造成负面影响。

第三，在一个给定的分段可编程互连架构中，在源-汇节点间的延时不能简单地通过其曼哈顿距离来估计。然而，如果在布局期间使用一个布线器来计算每个源-汇节点之间的延时也是非常不现实的。因此，通过利用 FPGA 架构中的对称性，T-VPlace 算法使用了一个预先计算的延时查找表，根据水平和垂直方向的距离作为索引，从而实现对延时的快速查找。

通过以上三种技术，使得 T-VPlace 可以高效地产生高质量的时序优化结果。事实上，前两种技术同样可以被应用于其他集成电路设计的标准单元布局，而非 FPGA 专属。可以说，T-VPlace 算法是现代 FPGA 布局布线算法的基石。作者所在的 RightTrack 公司在 2000 年被 Altera 收购后，T-VPlace 及其优化技术就被整合进 Altera 的 Quartus 设计软件中，并被世界上成千上万的 FPGA 设计者所使用至今。

5. 在商用计算机上的高质量、确定性的 FPGA 并行布局算法

一句话总结：利用多核处理器显著降低 FPGA 项目编译时间的标志性工作

英文名：High-Quality，Deterministic Parallel Placement for FPGAs on Commodity Hardware

作者：Adrian Ludwin，Vaughn Betz，Ketan Padalia

发表时间：2008 年

推介人：Jonathan Rose（多伦多大学）

FPGA 业界当前面临的最关键的问题之一是设计工具编译的时间过长，这一方面是由于计算机处理器的性能并没有质的飞跃，另外一方面是由于 FPGA 的大小随着半导体制造工艺的发展而不断增加，使得计算的复杂度也随之增长。为了应对这个问题，一个有效的方法是使用多个处理器核心进行并行编译。

这项成果旨在加速 FPGA 设计流程中最慢的环节之一，即布局的并行化问题。在这个工作中，采用了几项非常独特而重要的方法。例如，这是目前首个，也是唯一一个尝试对工业级布局软件进行并行化的工作，并最终将成果转化为成功的商用软件。在此之前，尽管有很多工作试图对布局算法做并行化处理，它们其实都是基于学术版本的理想化算法，也就是说，这些工作并不需要应对海量的器件数据库、复杂的时序分析，以及在商业版软件中会遇到的各种细节问题。

此外，这项工作对算法的确定性（Determinism）做了重要阐述。算法的确定性指，不管使用多少个处理器对算法进行计算，它

的结果都会是完全相同的。尽管在学术界中存在争议，但确定性在商业软件中对于复现结果以及调试都是不可或缺的。这项成果表明，需要做一系列细致的工作以保证算法的确定性。此外，这项成果也证明了这些工作对性能的损失很小。这个工作还就内存架构对并行算法性能的影响进行了深入分析。值得注意的是，它表明不同的内存结构对算法性能的影响很大。

总体来说，这项成果在算法性能方面取得了很大的提升：在布局阶段，使用4个处理器内核可以得到2.2倍的性能提升。对于大型设计，这样的性能提升会节省好几个小时的运行时间。在一个完整的FPGA编译流程中，还存在着很多耗时的阶段，这也意味着需要做更多的工作，才能最终将FPGA项目的编译时间进一步缩短。但是，这项成果为实现这一目标做出了巨大的贡献，也是其他后续工作值得参考的典范。

5.2.4 其他EDA/CAD算法篇

本篇介绍了四种重要工作，集中在FPGA的计算机设计自动化领域。它们有的成为了现代FPGA设计工具中通用的逻辑映射方法，有的从理论层面对逻辑簇结构及其包装算法进行了深入研究，有的则对FPGA的功耗提出了简单而强大的优化方法。

1. 在基于LUT的FPGA映射中最小化逻辑深度和面积

一句话总结：FPGA逻辑映射算法的基础性工作

英文名：Simultaneous depth and area minimization in LUT-based FPGA mapping

作者：Jason Cong，Yean-Yow Hwang

发表时间：1995年

推介人：Eugene Ding(赛灵思)

这项成果对FPGA逻辑映射算法的发展起到了非常重要的

推动作用。1994年，Jason Cong及团队发表了名为FlowMap的映射算法。它是首个有着多项式时间复杂度的映射算法，并且能在理论上对逻辑层数量达到最佳的优化。这个方法的核心思想是将K输入LUT的映射问题，建模成一个最小高度、K可行度的割问题（Minimum-height, K-feasible cut），而不是像传统方法那样基于局部的簇进行映射。

FlowMap算法本质上就是在一个保证最小高度的图上计算最小割的问题。虽然这个方法简单而高效，但它有可能会产生并使用小的LUT，并且会产生大量的逻辑冗余，而这都会造成更高的面积成本。虽然作者也提出了一些后续处理的方法，以及考虑将非关键路径的高度约束进行适量放宽，但这些方法本质上都属于局部优化，因此并不属于这种基于全局割的理论框架。

在这个工作中，作者提出了CutMap算法。相比它的"前任"FlowMap，这项成果能在多项式时间内完成深度优化（Depth-optimal）的映射结果，而且使用的LUT数量会极大减少。

这项成果有着以下几个关键性的贡献。首先，它使用了成本函数以控制割数的产生。这样，除了最小割之外，算法不仅可以找到所有的可行割，还能在映射过程中考虑次要的优化目标，甚至考虑多个并行的优化目标。其次，CutMap算法可以全局寻找共享逻辑的可能性、减少顺序依赖，以及将映射质量与逻辑网络的结构更加紧密地联系在一起。最后，它提出了一些剪枝规则，能帮助加速割计算的过程。虽然在今天看来，这里很多的想法和思路是显而易见的，但在当时，这些方法还并没有得到广泛应用。此外，CutMap方法在实践中表现很好，并成为了后续很多工作用来对比的基础性工作。

基于割的多目标优化方法已经成为逻辑映射领域的标准性工作，而这并不局限在FPGA领域。正是这项工作推动了这一突破的不断发展。

2. 割的排序和修剪：构建一个通用且高效的 FPGA 映射方法

一句话总结：FPGA 映射算法的再一次跨越式性能提升

英文名：Cut Ranking and Pruning：Enabling a General and Efficient FPGA Mapping Solution

作者：Jason Cong，Chang Wu，Yuzheng Ding

发表时间：1999 年

推介人：Steve Wilton(英属哥伦比亚大学)

这项成果通过割的生成、排序和修剪技术，极大地减少了 LUT 映射的复杂度和运行时间，从而提升了 LUT 逻辑映射的可扩展性。

从最早的商用 FPGA 开始，查找表 LUT 就是大多数器件中实现逻辑功能的主要结构。如何将逻辑功能映射到 LUT 上，也一直是 FPGA CAD 工具所致力解决和优化的核心问题。正因为如此，在过去的很多年中，有大量的研究工作都在不断寻找高效的逻辑映射算法。

这项工作发表于 1999 年，在此之前，FlowMap、Chortle、DFmap 等方法都已经发表了，研究者们也已经知道对 LUT 进行有效的逻辑映射是可行的。对于这项工作来说，它不只是介绍了一种新的算法，更是阐述了一些足够通用的技术原理。这些技术可以用来提高大部分逻辑映射算法的核心操作效率，而这也是这项工作最为重要的贡献之一。

例如，这项工作讨论了割生成(Cut Generation)、割排序(Cut Ranking)和割修剪(Cut Pruning)。其中，割生成指的是如何构建一组割，割排序指的是如何对割进行评估和排序，割修剪指的是不重要的割会被丢弃和剪枝。对于大型电路来说，这些任务都有着很高的计算难度，因此急需高效的算法以应对这些问题。此外，这项工作还展示了如何使用这些技术对以往发表过的映射算法进行改进和性能提升。

综上所述，这项成果已经成为任何 FPGA CAD 算法工程师必须掌握的理论技能，在实际的 FPGA 设计工具中这些技术也已经经过了多次迭代更新。时至今日，逻辑映射仍然是一个活跃的研究领域，这项发表于 1999 年的工作也将会继续影响新的逻辑映射算法的出现和进步。

3. 使用基于簇的逻辑块和时序优先的包装算法来提升 FPGA 的速度和逻辑密度

一句话总结： FPGA 簇结构包装算法的奠基之作

英文名： Using Cluster-Based Logic Blocks and Timing-Driven Packing to Improve FPGA Speed and Density

作者： Alexander （Sandy） Marquardt，Vaughn Betz，Jonathan Rose

发表时间： 1999 年

推介人： Steve Wilton(英属哥伦比亚大学)

这项成果首次对基于簇的逻辑块（Cluster-based Logic Blocks)的速度优势进行了量化分析。在 1999 年，在大部分的商用 FPGA 中都已经使用了基于簇的逻辑块，包括 Altera 的 Flex 系列和赛灵思的 Virtex 系列等。然而，对于这种体系结构的建模和分析仍然处于起步阶段。在之前的工作中，Vaughn Betz 已经证明基于簇的逻辑块结构可以提升逻辑密度。事实上，正如这项工作中所揭示的，基于簇的逻辑块的真正优势其实是在速度方面。正因此，这项工作开辟了一个全新的研究领域，即为众多的包装算法(Packing Algorithms)搭建了基础框架，并成为了所有 FPGA CAD 流程中的基础性部分。

在这项工作中，作者首先描述了一个 CAD 流程(见图 5-11)，以及适用于对这类架构进行分析的方法。然后，作者根据 Vaughn Betz 之前的工作，给出了一个参数化的簇架构，它被用来探究不同的基于簇的逻辑块结构。接下来，他们提出了一个名为 T-VPACK

的算法，这个时序优先的算法负责将 LUT 和寄存器包装到逻辑簇中。通过实验验证，这项工作表明基于簇的逻辑块结构可以显著地提升 FPGA 的速度。此外，最优的簇大小是 7～10 个逻辑单元。在此之后的很多年，这种簇大小一直都是学术界和工业界的体系结构标准。

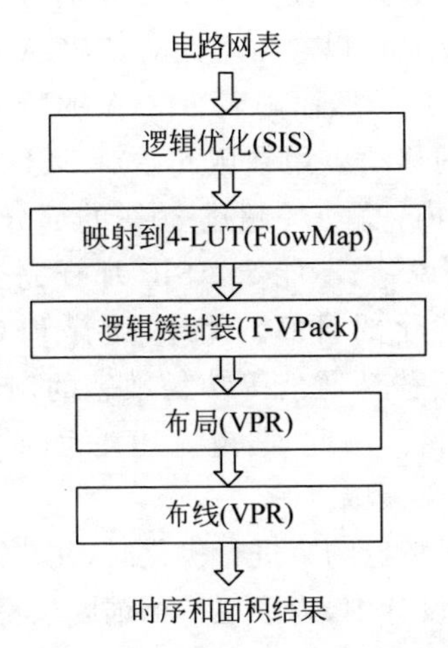

图 5-11 FPGA 时序与面积分析流程图

这项工作的真正价值在于，它为未来的研究人员开发新的簇包装算法、研究新的簇逻辑结构构建了理论基础。例如，后来的很多工作，包括 RPACK、iRAC、DVPack 和 P-T-VPACK 等都建立在这项成果之上。当前，FPGA 里的簇逻辑结构已经越发重要。多伦多大学的这个课题组已经将簇逻辑结构的研究进行了极大的扩展，但这些扩展仍然保持着这项成果中提出的很多基本假设、评估方法以及体系结构框架。

4. FPGA 漏电流功耗的优化方法

一句话总结：充分利用 FPGA 特性的无损功耗优化方法

英文名：Active Leakage Power Optimization for FPGAs

作者：Jason H. Anderson，Farid N. Najm，Tim Tuan
发表时间：2004年
推介人：Russ Tessier（马萨诸塞大学）

这项成果的主要贡献在于提出了一个简单的方法，可以显著地降低FPGA的漏电流功耗。在FPGA的特征尺寸大于100nm时，漏电流功耗通常是可以忽略不计的，FPGA设计工具也通常不考虑这种功耗的优化。然而随着FPGA的特征尺寸降至100nm以下，有越来越多的移动应用领域开始对FPGA产生了兴趣。要知道，在100nm以内，总功耗超过30%的部分都是漏电流功耗。但是对于FPGA来说，它不能像ASIC那样完全关闭器件的某个区域，以实现功耗优化的目的。此外，随着FPGA被越来越广泛地应用于数据中心、移动通信等功耗敏感的领域，对FPGA功耗的要求也越来越严格。因此，漏电流功耗也随之成为了研究者关注和尝试优化的重要领域。

通常来说，在对特定约束进行优化时，往往需要进行多方面的权衡。例如在一个设计中，为了在一个维度取得良好的结果，另一个或更多的其他维度有可能会变得更差。然而，这项成果所介绍的功耗优化技术很好地兼顾了多个设计维度。这个方法只需要进行一些轻度的FPGA设计预处理，就可以节省高达25%的静态功耗。除此之外，不需要牺牲额外的电路面积，抑或是损失系统性能。

这项工作基于一个简单但十分有效的概念：如果CMOS三极管的栅极为逻辑1时，将漏极和源极也设置为逻辑1，那么它的静态功耗就会降低。如果布线架构将其驱动的信号默认设置为逻辑1，那么互连架构的静态功耗也将大幅降低。由于FPGA有着可配置性，在大多数情况下可以对这些信号进行设置，由此就达成了功耗优化。

这项成果的最大贡献之一，在于它所阐述的观点有着极大的通用性和互补性。该技术可以和任何其他的FPGA功耗优化方法一起使用，而不会对其他方法产生负面影响。在软件层面，实现该技术所需要的软件也十分简单。毫无疑问，这项成果是充分利用了FPGA的灵活可配置性，并将简单的思想应用于重要领域的一个典型代表。

5.2.5　FPGA应用篇

本篇介绍了6个FPGA应用领域的重要工作。它们有的为FPGA动态重构研究确立了坚实的理论和实践基础，有的首次探索了FPGA与虚拟化技术的结合与实现，有的则向世人展示了何为高效、高性能的FPGA应用设计。

1. DPGA的使用和应用领域

一句话总结：FPGA动态重构领域的奠基之作

英文名：DPGA Utilization and Application

作者：Andre DeHon

发表时间：1996年

推介人：John Wawrzynek（加州大学伯克利分校）

这项成果是最早研究FPGA动态重构（Runtime Reconfiguration）的工作之一，它为大量后续的工作奠定了坚实的基础。

在这个工作中，作者深入分析了能够提升FPGA运行效率的器件架构和应用设计模式。在这项工作之前，有许多研究人员对于FPGA的动态重构功能非常着迷，有些研究已经构建了基于商用FPGA的动态重构应用实例。其中，一个典型的工作是Chris Jones等人的“在无线视频编码中使用FPGA动态重构的问题研究”（Issues in Wireless Video Coding using Run-time-reconfigurable FPGAs）。然而，人们对于动态重构及其设计模式并没有一个清晰的理解。此外，对动态重构的成本和优势也缺乏量化标准和理论分析。

Andre DeHon 很早就开始关注并思考这些问题。在 MIT 做研究生期间，他就在研究中引入了动态可重构器件这一概念。在这个工作中，他阐述了一组实用的设计模式，并严谨地展示了这些模式如何与动态可重构器件一起，为系统带来明显的面积优势。

尽管这项工作的学术贡献巨大，它却在更广泛的意义上影响和启发了其他研究者。这项工作展示了如何将定量分析用于可重构器件的架构和系统层面的研究，例如对某项特性的成本与优势分析等。此外，和商用可编程逻辑阵列相比，作者在系统架构层面有着截然不同而大胆的想法，而这也在微架构研究领域为其他研究者树立了一个创新思维的榜样。通常来讲，研究者都局限于商业器件，以及这些 FPGA 针对特定领域的优化，而这也在一定程度上限制了整个领域的创新和发展。

总体来说，这项成果在几个方面产生了持久的影响：它设立了可重构计算的定量分析标准，并激励了一代研究人员探索动态重构的方法和应用。这项成果中包含的架构和设计思想，已经被很多研究团队和初创公司所采用。

2. 使用高性能 FPGA 在 250MHz 频率下进行信号处理

一句话总结：高性能 FPGA 设计的典范作品，使 FPGA 时钟频率大幅超越同期 x86 CPU

英文名：Signal processing at 250 MHz using high-performance FPGA's

作者：Brian von Herzen

发表时间：1997 年

推介人：Andre DeHon（宾夕法尼亚大学），Steve Trimberger（DARPA，美国国防先进计划研究署，前赛灵思院士）

这项成果是 FPGA 设计领域中令人振奋的力作，它展示了 FPGA 所能达到的最大性能，以及如何通过设计 FPGA 获取这样的性能。为了理解这项成果，有必要先介绍一下 FPGA 设计在 1997 年左右是什么样子的。当时的高时钟频率设计的典范是使用 0.5μm 和 0.6μm 工艺制造的英特尔奔腾 CPU，只不过运行在 75～100MHz。只有到了 0.35μm 工艺时，奔腾 CPU 才有可能在 200MHz 的时钟频率下运行。此外，当时的大多数 FPGA 设计都运行在 25～40MHz。业界的基本共识是，FPGA 必然会比 ASIC 或处理器的运行速度慢很多。

然而，这项成果表明，在 1997 年就可以使用基于 0.6μm 工艺的赛灵思 XC2100A FPGA 以 250MHz 时钟频率运行。时至今日，这个性能对于大多数 45nm FPGA 器件的开发者来说都是可以接受的。

诚然，为了实现这个性能确实需要对 FPGA 设计进行相当多的优化，包括仔细的布局、流水线设计，以及严格规划信号在一个周期内传输的距离和位置等。值得注意的是，这项工作阐述了整体的设计方法论，并为 CAD 工具及 FPGA 架构研究提出了很多前瞻性的指导，以充分发挥 FPGA 的最大性能。之后的很多研究，包括 GARP、HSRA、CHESS、SFRA、Tabula 等，以及互连重定时、流计算模型等，都是基于这个成果的发展。

这项工作是 FPGA 应用领域研究的代表性成果之一。它展示了超越传统认知的 FPGA 性能结果，并详细说明了如何利用 FPGA 的架构特点来实现这一超越。这些都为 FPGA 相关的研究提供了宝贵经验，尽管这项成果的有些部分读起来比较晦涩，甚至像一份实验报告，但即使在今天，这项成果仍然有着很强的可读性，而且并不过时。

3. 基于 FPGA 的 CORDIC 算法研究综述

一句话总结：使用 FPGA 进行高效算法实现的经典之作

英文名：A survey of CORDIC algorithms for FPGA based computers

作者：Ray Andraka

发表时间：1998 年

推介人：Paul Chow(多伦多大学)

这项工作详细阐述了如何在 FPGA 上进行高效的算法实现，它可以说是这一类工作的代表性作品。1998 年，可编程 DSP 芯片被普遍用来做信号处理，当时最先进的器件有着 128KB 的片上内存，以及 100 MIPS 的性能。对于 FPGA 而言，它能构建 DSP 无法完成的信号处理系统，但比开发一个 ASIC 又简单很多。1998 年的 FPGA 比现在要小很多，有上千个 4 输入 LUT，正如这项成果中采用的赛灵思 4013E 器件。因此，高效和小面积的 DSP 功能实现是这类 FPGA 设计的关键。

自从发表以来，这项著名的成果一直是 FPGA 设计工程师在硬件中构建信号处理算法的重要参考。DSP 算法中包含很多超越函数，如正弦、余弦等，然而在硬件中计算这些函数并不像软件中直接调用库函数那么简单。当信号处理工程师开始转向使用 FPGA 时，他们会通过这项成果意识到，为了实现高效的 DSP 算法，就需要使用不同的硬件架构和设计方案。具体来讲，这项成果阐述了 CORDIC 算法的基本理论，这个算法基于移位和加法运算，因此非常适合在 FPGA 上实现。

传统的 FPGA 应用研究主要是探索某种具体应用在 FPGA 的实现方式。这项成果的不同点在于，它主要针对的是广大的应用设计工程师群体，并对这个群体进行技术传播和教育。这也使得它在更广的层面上不断影响后来的研究者。

4. 对流水线可重构 FPGA 的管理

一句话总结：可重构计算与硬件虚拟化的首次结合与探索

英文名：Managing Pipeline-Reconfigurable FPGAs

作 者：Srihari Cadambi，Jeffrey Weener，Seth Copen Goldstein，Herman Schmit，Donald E. Thomas

发表时间：1998 年

推介人：Katherine Compton and Andre DeHon

在 1998 年，即使是最大的 FPGA 也只有不过 5 万个 LUT，因此在一个 FPGA 上往往很难装下整个设计。此外，即使设计在当前 FPGA 上可用，当下一代 FPGA 面市后，就不得不重新设计，至少需要对设计重新编译，以更好地利用新 FPGA 上更多的逻辑单元和容量。时至今日，FPGA 上有着上百万可编程逻辑资源，因此大多数设计通常不会受制于 FPGA 的容量。然而，目前仍然缺乏对各代 FPGA 的兼容性与伸缩性的研究。

这项成果中提出了 PipeRench 架构，它为 FPGA 开发者提供了动态重构的逻辑模型。它将计算看作是一个大型的静态前向图，并使用动态重构的方法来控制和交换电路中不同的部分。如果电路太大而无法由可用资源实现，那就将系统中的不同电路部分换入和换出，从而最终满足资源要求。

PipeRench 的独特之处在于，它展示了如何通过计算实现流水线重构，从而实现在有限的内存带宽时完成快速的配置切换。当一个 PipeRench 实例编译完成并得到 FPGA 映像之后，PipeRench 还允许这个映像被加载到更大或者更小的其他 PipeRench 实例中，并伴随着相应的性能提升或下降。这就使得 FPGA 的弹性扩展成为可能。

这项成果是一个开创性的大型系统项目，它涵盖了可重构计算的很多领域。这个工作阐述了配置数据的管理，并介绍了 PipeRench 架构的很多底层设计细节，它还讨论了可重构硬件的配置过程与机理，以及如何确保数据通过虚拟流水线达到合适的物理位置。综上，这项成果是可重构计算领域的标志性工作，它和它的后续工作为这个领域的研究者指明了前进的方向、可能遇到的问题，以及解决这些问题的一些创新方法。

5．FPGA vs CPU：峰值浮点性能的趋势

一句话总结：FPGA 在浮点数计算领域的开创性工作

英文名：FPGAs vs CPUs：Trends in Peak Floating-Point Performance

作者：Keith Underwood

发表时间：2004 年

推介人：Paul Chow(多伦多大学)

这项工作表明，FPGA 在未来的超级计算应用中有着很好的应用前景，而这个领域的应用往往需要密集的高精度浮点运算。从 FPGA 出现伊始，业界就有一种观点认为，FPGA 可以被用来加速“计算”这一过程，尽管这并不是 FPGA 出现的初衷，也不是 FPGA 在当时的主要应用市场。在这项工作发表之时，FPGA 已经展示出在定点数计算的潜力，特别是在信号处理领域中，使用 FPGA 比可编程 DSP 有着更好的性能优势。然而，大多数科学计算和应用都基于 IEEE 格式的浮点数，特别是双精度浮点数，以获得稳定的计算结果。在这项成果之前，人们普遍认为在 FPGA 上无法得到足够的浮点数性能来与当时的 CPU 竞争。

在这个工作中，作者在多代 FPGA 中实现了浮点数加法、乘法、除法、乘加等基本运算，并对它们进行了时钟频率和硬件面积的定量分析。通过结合对应 FPGA 器件的容量，这项工作分析并得到了这些基本单元的最优性能的趋势曲线。根据摩尔定律，对于 CPU 来说，这些运算单元的性能趋势曲线都会每 18 个月翻一倍。然而对于 FPGA，这项成果表明 FPGA 的浮点数峰值性能已经或即将超过 CPU，并将继续增长。

这项成果是第一个尝试定量分析并证明 FPGA 可以作为浮点运算加速器的工作。通过对模型的建立和分析，可以看出这个趋势在某种程度上有利于 FPGA 与 CPU 的相互竞争。这也证明了可重构计算研究依然前途光明。然而，客观地说，这项工作的结

果在很大程度上依赖于计算的峰值性能，究竟如何在实际应用中获取这样的性能，以及峰值性能与实际性能的相关性，依然是研究者不断探讨的问题。

6. FPGA 高效多端口存储器的设计

一句话总结：在根本上改变了现代 FPGA 的内存设计和容量

英文名：Efficient Multi-Ported Memories for FPGAs

作者：Charles Eric LaForest，J. Gregory Steffan

发表时间：2010 年

推介人：Scott Hauck（华盛顿大学）

FPGA 的一个重要特性就是能构建大量简单的逻辑模块，然后可以将这些逻辑块组合起来，并形成更大、功能更复杂的设计。虽然 FPGA 中的每个可编程单元只有 4～6 个输入，但一组 LUT 就可以支持任意数量的输入，并完成任意功能的计算。虽然一个触发器只能存储 1 位数据，但这些触发器可以组合起来以支持 32 位数据，并再进行组合形成多级的 FIFO。

随着 FPGA 技术的不断演进，人们开始在 FPGA 里加入为了特定任务而优化的硬核单元，如乘法器、存储器，甚至处理器内核等。这些模块从根本上提升了 FPGA 进行通用计算的性能，但它们的相对不灵活性使得这些模块很难相互级联并组成更大的逻辑单元。另外，对于一个特定应用，如果这些硬核单元没有相对应的逻辑功能，那么设计者就很难继续使用它们，只能转而使用传统的方法，即使用 LUT 和寄存器等进行逻辑设计，这个问题的一个典型例子就是存储器。如果内存单元的容量太小，或者寻址空间不够大，我们或许还可以组合多个存储单元以满足设计需求。然而，如果存储器的端口数量是固定的，例如某个内存单元只能允许每周期写入两次，而应用要求每周期写入三次，那么这就很尴尬了。事实上，额外的读端口可以通过复制内存来实现，但对于 RAM 来说，独立的写端口数量才是影响性能的重点。

这项工作从根本上解决了这个问题。一个重要的事实是，通常情况下底层硬件的运行速度会比用户设计的实际速度要快很多，因此就可以对内存端口进行时间复用以增加独立访存的数量。此外，通过巧妙的设计，多个内存可以被组合在一起，以支持读写带宽的增长，同时保持对整个机制的控制。如果将二者相结合，就可以得到一个提供更多内存端口的有效方案。

5.3 这是最好的时代——FPGA未来的发展方向

纵观FPGA几十年的发展历程，目前FPGA的芯片结构、开发工具、使用场景等各个方面的发展，都已经远远超出FPGA出现时所设定的目标，甚至也远远超出很多人的想象。正是由于一代代研究者和工程师的不懈努力，才让FPGA在不同的时代背景下，都焕发出新的生机，并不断推动摩尔定律的延续。

展望未来，FPGA领域仍然有着很多难题需要解决，也有着很多潜力巨大的方向，亟待学术界和工业界的研究者去探索和发现。如果仔细看一下四大FPGA顶级学术会议近年来发表的文章，并结合业界不断发布的最新成果和动态，就可以对FPGA未来的主要发展方向看出些许端倪。

总体而言，高层次综合和人工智能应用仍然会是未来一段时间的主流。在学术界，FPGA四大顶级会议中每年大概有超过一半的文章都集中在这两个领域。这其中，既包括人工智能和机器学习与FPGA结合的相关工作，还包括FPGA高层综合相关的工作，如高层语言优化、工具和HLS算法设计等。而高层次综合也一直是过去5～10年间FPGA研究的重点和热点。例如，在2019年的FPGA大会上，与AI相关的文章有8篇，与HLS相关的文章有6篇，占会议接收的全部论文的一半还多。2020年的FPGA大会也延续了这一趋势，与AI和HLS相关的论文各有7篇和

8篇。

值得注意的是，人工智能和高层次综合这两个领域并非泾渭分明，而是相互耦合、相互促进和相互激发的。很多文章同时讨论了使用 HLS 对人工智能应用进行设计和加速。例如，在本书 HLS 章节中介绍过的，2019 年丛京生教授与张志如副教授就合作开发了名为 HeteroCL 的基于 Python 的硬件加速模型，这项工作可以帮助 AI 和 Python 开发者利用 FPGA 迅速完成 AI 图形图像算法的开发和硬件实现。类似的工作还有很多，由此可见高层次综合，特别是领域专用的高层次综合工具和算法的设计研发，将会是未来 FPGA 发展的一个重要方向。有了更先进、更易用的开发工具，会促使更多软件和算法工程师开始使用 FPGA 作为他们算法和软件实现的硬件平台，从而进一步正向促进 FPGA 的发展。

此外，FPGA 在 AI 领域的应用也会越来越广泛。在第 3 章，我们介绍过人工智能算法目前正在经历爆炸式发展，但距离稳定和成熟可能还有一段路要走。为了不断提升算力，同时兼顾功耗、成本和灵活性的要求，采用 FPGA 进行定制化架构设计就成为了一个性价比很高的选择。在这个领域中，FPGA 微架构设计、AI 加速资源的扩展、对数据吞吐量的提升等方向，会成为今后发展的重点。

在数据中心领域，FPGA 也在开始扮演越来越重要的角色。在第 2 章，我们介绍了很多 FPGA 加速云计算和大数据处理的实际例子，例如微软的 Catapult 项目和亚马逊 AWS 的 F1 实例等。除了云计算之外，电信网络提供商也在使用 FPGA 对自身的网络架构进行转型。这主要受到当前软件定义网络（SDN）和网络功能虚拟化（NFV）的强力推动。在第 2 章中也提过，如何有效利用 FPGA 这种可编程硬件加速资源，探索并推广 FPGA 在数据中心里的高效部署方法，如何对这类应用场景设计有效的商业模型，以及对部署 FPGA 带来的安全性问题等，都将是未来一段时间内业界的研究重点。

另外，随着业界对摩尔定律存续问题的讨论不断升温，如何进一步延续芯片的性能提升，并不断降低芯片的功耗，一直是学术界和工业界投入大量人力物力的重要研究方向。我们看到，近年来新型 FPGA 架构层出不穷，各类最新的 IP、制造工艺、封装技术等尖端科技，都将 FPGA 作为主要的实现载体，这在第 1 章中也有过详细介绍。可以预见的是，当半导体制造工艺逼近原子极限，更多诸如 SSI、EMIB、3D IC 等“黑科技”会不断涌现，而 FPGA 也会像现在这样成为这些黑科技的集大成者。另一方面，量子计算、类脑计算、存内计算等全新的计算模式也会纷纷上场，并呈现百花齐放的局面。如何将这些新型计算模式与现有的基于 FPGA 的可重构计算相互融合和补充，会是非常有趣的研究方向。

5.4 本章小结

FPGA 自诞生之日起，就在摩尔定律的指引下不断发展和进化。FPGA 从一个单纯负责粘合逻辑或原型验证的简单芯片，逐步蜕变成为汇集现代最新科技、架构、IP 与开发方法的复杂片上系统 SoC，并仍然在技术的道路上不断高速前进。之所以能取得这些令人瞩目的成就，全部都归功于那些在 FPGA 领域不断探索、发明和创新的一代代研究者。他们作为建筑师，架构起了这个领域，并不断推动 FPGA 和可重构计算技术的发展。

本章介绍了很多 FPGA 领域的知名学者，以及他们在过去几十年间做出的贡献和取得的成果。可以看到，虽然当前 FPGA 的研究领域还是以欧美学者为主，但我国的 FPGA 学术研究已经在过去的几年间取得了突飞猛进的成就，特别是在人工智能和 FPGA 开发工具等领域，我国学者的很多工作和技术成果都开始跃居世界前列。除此之外，我们的学术成果转化和商业 FPGA 发展也在不断加速前行，深鉴、寒武纪、地平线等初创企业都逐渐成为了各自领域的全球领军者。

这是 FPGA 最好的时代，也是芯片技术最好的时代。笔者相信，芯片作为人类文明史上最重要的成就之一，会继续推动更多的社会进步与技术创新。FPGA 作为一种重要的芯片类别，将会在人工智能、大数据、云计算等多个领域不断焕发新生。而 FPGA 蕴含的技术思想，也将持续启发一代代智慧的研究者不断创新。